U0396842

天祝毛毛山
常见动植物
图谱

冯宏元　　　　著

广西科学技术出版社
·南宁·

图书在版编目（CIP）数据

天祝毛毛山常见动植物图谱 / 冯宏元著. -- 南宁 ：广西科学技术出版社，2025. 1. -- ISBN 978-7-5551-2260-9

Ⅰ. Q958. 524. 24-64；Q948. 524. 24-64

中国国家版本馆CIP数据核字第2024VW6039号

天祝毛毛山常见动植物图谱

冯宏元　著

责任编辑：梁珂珂		装帧设计：韦娇林	
责任校对：方振发		责任印制：陆　弟	

出版人：岑　刚　　　　　　　　　　出版发行：广西科学技术出版社
社　　址：广西南宁市东葛路66号　　邮政编码：530023
网　　址：http://www.gxkjs.com

经　　销：全国各地新华书店
印　　刷：广西民族印刷包装集团有限公司
地　　址：南宁市高新区高新三路1号　　邮政编码：530007

开　　本：890 mm×1240 mm　　1/32
字　　数：142千字
印　　张：6.75
版　　次：2025年1月第1版
印　　次：2025年1月第1次印刷
书　　号：ISBN 978-7-5551-2260-9
定　　价：68.00元

巍峨的祁连山位于青藏高原、内蒙古高原和黄土高原的交会地带，是我国西部重要的生态安全屏障，是冰川与水源涵养国家重点生态功能区，具有维护青藏高原生态平衡，阻止腾格里沙漠、巴丹吉林沙漠和库姆塔格沙漠三个沙漠南侵，维持河西走廊绿洲稳定，以及保障黄河和内陆河径流补给的重要功能。

祁连山是我国 35 个生物多样性保护陆域优先区之一，是世界高寒种质资源库和野生动物迁徙的重要廊道。这里海拔高而寒冷，但这片看似冰冷单调的土地并不是生命的禁区，从植物爱好者心心念念的雪莲到悄然出没的雪山之王——雪豹，这里其实蕴藏着无限的生机。这里不仅有森林、草原、湿地、荒漠、冰川，还有雪豹、藏野驴、白唇鹿、马鹿、岩羊，还有冬虫夏草、水母雪兔子、蒙古扁桃、青海云杉、祁连圆柏等。这里生态系统多样，野生动植物资源丰富，国家重点保护野生动植物种类繁多，是我国重要的生物种质资源库。

祁连山国家级自然保护区现已查明分布的野生脊椎动物 29 目 79 科 352 种，其中国家一级保护野生动物雪豹、白唇鹿、藏野驴、野牦牛、马麝等 22 种，国家二级保护野生动物马鹿、岩羊、猞猁、蓝马鸡等 64 种。截至 2024 年 2 月，已调查记录昆虫共 16 目 175 科 1609 种，目数占世界昆虫总目数（33 目）的 48.5%，占甘肃森林昆虫总目数（23 目）的 69.6%；种数约占世界昆虫总种数的 0.17%，约占中国昆虫总种数的 3.2%，约占甘肃森林昆虫总种数的 32.9%。保护区共有高等植物 95 科

451属1311种，其中，苔藓植物3科6属6种，蕨类植物8科14属19种，野生种子植物84科431属1286种。保护区内分布有国家一级保护野生植物发菜1种，国家二级保护野生植物冬虫夏草、西藏杓兰、甘肃贝母、青海固沙草、黑紫披碱草、短芒芨芨草、全缘叶绿绒蒿、天山报春、烈香杜鹃等16种。被列入《濒危野生动植物种国际贸易公约》（CITES）的兰科植物有12属16种。

夏玛自然保护站位于甘肃祁连山国家级自然保护区东端，地处天祝藏族自治县东北部，毛毛山北坡。毛毛山系冷龙岭余脉，地貌多为中山和低山两大类型，海拔2350～4074米，山势陡峻，气候湿润，有大片的森林、灌丛和草地，冬则藏冰积雪，夏则流水润田。这里野生动植物资源丰富，据不完全统计，已查明的野生植物资源有1000余种，野生动物资源有100余种。本书选择毛毛山境内常见的近200种野生动植物进行介绍，以便更好地对保护区资源进行宣传，丰富社会公众对保护区资源的认知，也为有志于从事保护区资源保护工作的朋友提供日常的参考资料。

本书的出版得到了许多个人及单位尤其是兰州大学生命科学学院实习队老师和同学的帮助和支持，得到"第二次青藏高原综合考察研究"项目（2019QZKK0301）和甘肃省自然科学基金重点项目（23JRRA1034）资助，在此致以诚挚的谢意。

著者

2024 年 10 月

目录
CONTENTS

动 物 篇

植 物 篇

动物篇

祁连山国家级自然保护区
天祝毛毛山

常见动物
100种

红头丽蝇 *Calliphora vicina*

昆虫纲·双翅目·丽蝇科·丽蝇属

● **形态特征：** 成虫体具绿色金属光泽。触角黑褐色，触角芒短，两侧具羽状分支。雄性两眼分离，额最狭处的侧额宽为间额的一半；雌性侧额宽亦为间额的一半。胸部小毛较长密，后胸基腹片具纤毛。

● **生活习性：** 成虫活动范围极广，出入人群聚居之处，为半住区性蝇种。繁殖期很长，雌蝇喜欢在脓疮、伤口及腐败的动物尸体等处产卵，也能在猪粪及动物饲料内繁殖。幼虫具有尸食性，主要滋生于腥臭腐败的物体如动物尸体、生活垃圾等处。

小黄粪蝇 *Scathophaga stercoraria*

昆虫纲 · 双翅目 · 粪蝇科 · 粪蝇属

● **形态特征**：雄蝇体呈鲜艳的金黄色，前脚具橙黄色毛。雌蝇体色较暗，绿褐色，前脚没有颜色鲜艳的毛。头较扁，复眼红棕色，触角黑色。胸背板具黑色条纹。翅脉仅前缘脉和径脉明显，其余微弱。

● **生活习性**：经常出没于哺乳动物的粪便中，尤其是马、牛的粪便。成虫主要吃细小的昆虫，和其他苍蝇一样也会吃花粉，但很多时候花朵上的黄粪蝇会掠食其他昆虫。雄蝇和雌蝇都会在哺乳动物的粪便上出没，雄蝇在粪便上出现是在掠食丽蝇等昆虫，雌蝇除觅食外，也会在粪便上产卵。

大斑芫菁 *Mylabris phalerata*

昆虫纲·鞘翅目·芫菁科·芫菁属

- **形态特征：** 体长 18.6 ～ 31 毫米，宽 6.9 ～ 11 毫米。体、足均黑色。头黑褐色，略呈方形，后角圆，表面密布刻点，中央具 2 个红色小圆斑。触角末端第 5 ～ 7 节膨大呈棒状，末节基部明显窄于第 10 节。前胸背板密布刻点，后端中央具 2 个浅凹洼，一前一后排列。鞘翅土红色，翅基弧形黑斑内的黄斑形状较不规则，略呈方圆形，较大，翅中部具 1 个黑色横斑，翅端全黑，翅基外侧具 1 个小黄斑。

- **生活习性：** 成虫喜群集，善低飞；以傍晚、晚间、清晨为取食高峰，太阳高照或气温过高的正午前后则隐于叶背、草丛中栖息。常静伏于寄主植物上，遇到惊扰时常假死。成虫喜食嫩叶和花，也取食老叶和嫩茎，被害叶片呈孔洞或缺刻，严重时整株叶片被吃光，影响植株开花结实。

云斑鳃金龟 *Polyphylla laticollis*

昆虫纲·鞘翅目·鳃金龟科·鳃角金龟属

- **形态特征：** 全体黑褐色。头部具粗刻点，密生淡黄褐色和白色鳞片。唇基横长方形，前缘及侧缘均向上翘起。触角10节；雄虫柄节3节，鳃片部7节，鳃片长而弯曲；雌虫柄节4节，鳃片部6节，鳃片短。鞘翅散布小刻点，白色鳞片群点缀如云。胸部腹面密生黄褐色长毛。

- **生活习性：** 寄生于松、云杉、杨、柳、榆等林木、果树及多种农作物上。幼虫啃食幼苗的根，使苗木枯萎死亡；成虫啃食林木幼芽嫩叶，对林木生长影响很大。

银翅草天牛 *Eodorcadion glaucopterum*

昆虫纲 · 鞘翅目 · 天牛科 · 草天牛属

● **形态特征：** 体长卵球形。头部具膜质唇基；额前缘平直，与颊前缘在一条直线上。前胸背板宽大于长，具侧刺突。小盾片半圆形或宽三角形，末端钝圆。鞘翅肩部较前胸宽，背面拱起，中缝愈合。本种和草天牛属其他种的区别在于前翅没有纵条纹，也不是全黑色的，除前胸背板及头部外，其他部分均被白毛覆盖。

● **生活习性：** 栖息于沙漠地带，主要以草本植物的根茎为食。

短角外斑腿蝗 *Xenocatantops brachycerus*

昆虫纲·直翅目·斑腿蝗科·外斑腿蝗属

● **形态特征**：体黑褐色。触角短，丝状。复眼后方沿前胸背板侧片上部
及后胸背板侧片具黄色纵条纹。后翅基部淡黄色。后足股节外侧黄
色，具 2 条黑褐色或黑色横斑纹，斑纹向下沿着下隆线纵向延伸，
下缘褐色；股节内侧红色。后足胫节红色。体色多变，但后腿腿节
的黑色斑纹保持稳定。

● **生活习性**：分布于平地至低海拔山区，常在草丛活动，体色随环境不
同而改变。

阿芬眼蝶 *Aphantopus hyperanthus*

昆虫纲·鳞翅目·眼蝶科·阿芬眼蝶属

● **形态特征：** 翅褐色，反面眼斑比正面的清晰；前翅正面具 3 个小黑斑；后翅具 5 个眼斑，前两个眼斑位于中线处，后三个眼斑位于亚外缘处；中线内侧色较深，雄蝶的比雌蝶的色深；翅反面黄褐色，基部色深。

● **生活习性：** 成虫发生于 6 月中旬至 8 月中旬。成虫不访花，喜在阴暗的林下活动，常活动于林缘及林间阴处，喜吸食树汁。飞行路线不规则，常跳跃式飞行。

暗色绢粉蝶 *Aporia bieti*

昆虫纲·鳞翅目·粉蝶科·绢粉蝶属

● **形态特征：** 翅白色发黄，翅脉黑褐色，中室端脉黑色部分加宽。翅无斑，
仅前翅外缘脉端具黑色三角形斑。后翅反面发黄，后翅基部具 1 个
橙黄色斑。

● **生活习性：** 常成群聚在森林路边的小水潭或小溪边吸水，群栖于树上
过夜。寄主为蔷薇科、小檗科植物。

多眼灰蝶 *Polyommatus eros*

昆虫纲·鳞翅目·灰蝶科·眼灰蝶属

● **形态特征：** 雄蝶翅紫蓝色，前后翅具黑色缘带及外缘圆点列；雌蝶翅暗褐色，除缘点外前后翅各具 6 个橙红色斑。翅反面灰白色。前翅具 2 列黑斑沿外缘弧形平行排列，中间夹橙红色带，亚缘列新月形，外横列斑 7 个弓形弯曲；中室内具 1 个斑，斑下方另具 1 个小黑斑。后翅黑斑排列与前翅相似，另在基部具 1 列 4 个，前后翅的黑斑皆围有白色环纹。

● **生活习性：** 在豆科植物上采食、繁衍。

单环蛱蝶 *Neptis rivularis*

昆虫纲·鳞翅目·蛱蝶科·环蛱蝶属

● **形态特征：** 翅黑色，具白斑。雄蝶前翅中室白色长条纹分成 5 段，中室端下方具 2 个大白斑，后翅中部具 1 条横带纹；翅反面栗褐色，后翅反面基部无黑色点斑。

● **生活习性：** 多活动于开阔环境，有的生活在林区。寄主为豆科、蔷薇科植物。

小型林眼蝶 *Aulocera sybillina*

昆虫纲·鳞翅目·眼蝶科·林眼蝶属

● **形态特征：** 中国特有种。翅棕黑色；前翅具白色斑组成的外横带，近顶端的 2 个白斑被 2 个黑色点斑切断成 4 个白斑；后翅的白色中横带较窄且呈弧形弯曲。

● **生活习性：** 飞行姿态优美且飞行迅速，多在光线好的草地、岩石或路边活动。

银斑豹蛱蝶 *Speyeria aglaja*

昆虫纲·鳞翅目·蛱蝶科·银豹蛱蝶属

● **形态特征：** 翅黄褐色；前翅外缘具2条黑色线纹，翅端半部具2条黑斑列纹，前翅中部具6个黑斑，中室端具1条横行黑色双线纹，中室内具3条平行黑色线纹；后翅基半部具风纹黑斑。反面前翅顶角暗绿色，外侧具4～5个近圆形小银色斑（雌蝶在内侧具3个很小的银色环纹）；后翅暗绿色，银色斑3列，分别为沿外缘7个弧形排列，中列7个曲折排列，内列3个，基部2个，中室基部1个小圆斑。

● **生活习性：** 不同海拔高度均有分布，多在靠近林区多草的坡地活动，可飞至海拔3000米以上。以花粉、花蜜及植物汁液为食。

荨麻蛱蝶 *Aglais urticae*

昆虫纲·鳞翅目·蛱蝶科·麻蛱蝶属

● **形态特征：** 翅黄褐色或红褐色，斑纹黑色或黑褐色；前翅外缘齿状，翅端镰刀形，外缘具 1 条黑褐色宽带，顶角内侧具 1 个白斑，中室内外及其下方各具 1 条黑色斑纹；前后翅外缘均具黑褐色宽带，内具 7 ～ 8 个青蓝色斑。翅反面黑褐色，翅中部具 1 条浅色宽带。

● **生活习性：** 可在各种各样的栖息地生存，在营养丰富的土壤中繁殖，常与人类活动相关。寄主通常是荨麻科植物，幼虫取食荨麻等植物。雌性在食物的叶子背面分批产卵，大约 10 天后卵孵化。幼虫生活在群体的丝网保护中。

金凤蝶 *Papilio machaon*

昆虫纲 · 鳞翅目 · 凤蝶科 · 凤蝶属

● **形态特征：** 蛹浅绿色或枯叶色。成虫双翅展开宽 8 ～ 9 厘米。翅黄色；前翅外缘具黑色宽带，宽带内嵌 8 个黄色椭圆斑，中室端部具 2 个黑斑，翅基部黑色，宽带及基部黑色部分上均散生黄色鳞粉；后翅外缘黑色宽带嵌有 6 个黄色新月斑，其内方另有略呈新月形的蓝斑，臀角具 1 个赭黄色斑，大而明显，中间没有黑点。翅反面斑纹同正面，但色较浅。因体态华贵，颜色艳丽而得名，有"能飞的花朵""昆虫美术家"的雅称。

● **生活习性：** 幼虫多寄生于茴香等植物上，所以又名茴香虫，以叶及嫩枝为食。幼虫生长发育成熟后在植株上化蛹。

小红珠绢蝶 *Parnassius nomion*

昆虫纲·鳞翅目·凤蝶科·绢蝶属

● **形态特征：** 翅白色，翅脉黄褐色。前翅中室中部及端部各具 1 个大黑斑；前缘具 2 个白心黑边的红斑，横列；近后缘中部具 1 个圆形具黑边的红斑。后翅前缘及翅中部各具 1 个白心黑边的红斑；翅基及内缘均被不规则宽黑带占据。前后翅的亚外缘具弯曲而断续的黑褐色带，脉纹末端黑褐色。翅反面除基部具 4 个及臀角具 2 个黑边红斑外，其余与正面相同。此种在绢蝶属中翅上红斑最多，也最漂亮。

● **生活习性：** 常见于草甸，飞得较慢，访花。

● **保护状况：** 列入国家林业和草原局发布的《有重要生态、科学、社会价值的陆生野生动物名录》。

君主绢蝶 *Parnassius imperator*

昆虫纲 · 鳞翅目 · 凤蝶科 · 绢蝶属

● **别名：** 双珠大绢蝶、康定绢蝶。

● **形态特征：** 中国特有种。学名意为梦幻中的君主。翅展 60 ～ 70 毫米，是绢蝶属中体型最大的种类。体黑色。翅糙，白色，半透明；前翅中室中部及横脉处各具 1 个黑色横行斑，外缘具灰色带，中部具 3 个黑斑，近后缘处的一个黑斑色较淡；后翅内缘黑色，中部具 2 个围着黑圈的红斑，红斑中各具 1 个白色斑点；后翅边缘具 2 个圆形黑斑，斑中缀有蓝色斑点。

● **生活习性：** 生于海拔 3000 米以上的高原沟谷。幼虫寄主多为黄堇、红花羊柴、天蓝韭等植物，生长活动对生境植被类型具极大的依赖性。

● **保护状况：** 在我国《国家重点保护野生动物名录》中的保护级别为二级。

中国林蛙 *Rana chensinensis*

两栖纲 · 无尾目 · 蛙科 · 林蛙属

● **形态特征：** 雄蛙较小。头较扁平，长宽相等或略宽；吻端钝圆，略突出于下颌，吻棱较明显；鼻孔位于吻和眼之间，鼻间距大于眼间距而与上眼睑宽相等。背侧褶在鼓膜上方呈曲折状；鼓膜部位具三角形黑斑。雄蛙第一指基部的 2 个大婚垫内下侧间的间距明显，近腕部的一团不大于指部的一团；具 1 对咽侧下内声囊。

● **生活习性：** 栖息于阴湿的山坡树丛中，9 月底至翌年 3 月营水栖生活，严冬聚集于河水深处的大石块下冬眠。蝌蚪在水中用鳃呼吸，以藻类、植物碎屑、植物嫩芽及嫩叶等为食，为植物性食性；变成蛙后即离水登陆，转变成动物性食性，以昆虫、蜘蛛、蜗牛等活饵为食。

● **保护状况：** 在世界自然保护联盟（IUCN）发布的《濒危物种红色名录》中被评为无危（LC）等级。

白条锦蛇 *Elaphe dione*

爬行纲·有鳞目·游蛇科·锦蛇属

● **形态特征**：头略呈椭球形，体尾较细长，全长1米左右。吻鳞略呈五边形，宽大于长，从背面可见其上缘，鼻间鳞成对，宽大于长，其颌弓只及前额鳞的一半；前额鳞1对，近方形；额鳞单枚，盾形，瓣缘略宽于后缘，长度和其与吻端的距离相等；顶鳞1对，较额鳞长。因在背面深褐色背景上显出浅色纵纹，故名白条锦蛇。

● **生活习性**：中国北方广布的无毒蛇。生活于平原、丘陵、山区或草原，栖于田野、草坡、林区、河边及近旁，也常见于菜园及农家的鸡窝、畜圈附近，有时为捕食鼠类进入老土房。捕食壁虎、蜥蜴、鼠类、小型鸟类和鸟卵。幼体也捕食昆虫。

● **保护状况**：在世界自然保护联盟（IUCN）发布的《濒危物种红色名录》中被评为无危（LC）等级，列入国家林业和草原局发布的《有重要生态、科学、社会价值的陆生野生动物名录》。

密点麻蜥 *Eremias multiocellata*

爬行纲·有鳞目·蜥蜴科·麻蜥属

● **形态特征：** 体粗壮或较纤长，略扁平，颈与头宽大致相等或稍粗大，后肢短。体色及斑纹变异较大，背面灰黄色或褐黄色，腹面黄白色。

● **生活习性：** 常与麻蜥、沙蜥、漠虎、沙虎、岩蜥等同栖一地，生活在沙漠、草原、山地灌丛或岩石缝间。全年以动物性食物为主，在地面或爬到灌木上捕食蚂蚁、甲虫、蝗虫、金龟子、蜘蛛及昆虫的幼虫，其中以象鼻甲科、金龟子科、蚁科种类所占比例最大。

● **保护状况：** 在世界自然保护联盟（IUCN）发布的《濒危物种红色名录》中被评为无危（LC）等级，列入国家林业和草原局发布的《有重要生态、科学、社会价值的陆生野生动物名录》。

花斑裸鲤 *Gymnocypris eckloni* subsp. *eckloni*

辐鳍鱼纲·鲤形目·鲤科·裸鲤属

● **形态特征**：体延长，稍侧扁。头锥形，吻钝圆，口亚下位，弧形。上
颌突出于下颌之前，下颌内缘具角质棱起。下唇狭窄，分左右两唇
叶；唇后沟中断。眼圆大，位于头部侧上位。无须。体几乎完全裸
露，仅肩带部有 3 ～ 4 行不规则鳞片，臀鳞每列 15 ～ 24 枚。体侧
黄褐色，体背侧具不规则云斑或褐色小黑点，腹部银白色。

● **生活习性**：多栖息于河流岸边、沼泽滩地或水生植物较为繁茂的浅水
处，平时分散或集小群在栖息地觅食，繁殖期集大群到河流干流、
水库等处繁殖。杂食性，常以水生维管植物眼子菜为食，也吃水生
底栖无脊椎动物。

● **保护状况**：在世界自然保护联盟（IUCN）发布的《濒危物种红色名录》
中被评为易危（VU）等级。

修长高原鳅 *Triplophysa leptosoma*

辐鳍鱼纲·鲤形目·条鳅科·高原鳅属

- **形态特征:** 唇厚；上唇乳突较多，排列成流苏状；下唇具乳突及深皱褶。下颌匙状。腹鳍基部起点约与背鳍第一分支鳍条的基部相对。鳔后室退化。肠短，呈 Z 形。

- **生活习性:** 小型鱼类，生活于河流、沟渠及湖泊水草繁茂的浅滩处。主要以昆虫幼虫为食。在河道融冰时即开始繁殖。

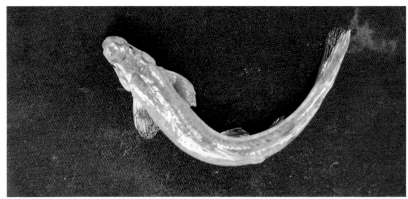

武威高原鳅 *Triplophysa wuweiensis*

辐鳍鱼纲·鲤形目·条鳅科·高原鳅属

形态特征： 唇无穗突而具横褶痕；下唇中断处似2纵棱，每侧具3横褶。须3对；后须最长，达眼后缘下方。体背侧淡黄灰色，具云状不规则褐斑，背鳍基前后具2个黑斑；腹侧淡黄色。偶鳍淡黄色。背鳍与尾鳍均具黑色斑点，尾鳍斑点略呈3～4横行。腹膜淡黄色或灰黄色。鳔前部包于骨囊内，中部细管状，与椭圆形的后部游离于腹腔内。头长为吻长的1.8～2.7倍。椎骨40～41个。成年雄鱼第二至第六胸鳍鳍条很粗硬。

生活习性： 小型鱼类，生活于河流、沟渠及湖泊水草繁茂的浅滩处。主要以昆虫幼虫为食。在河道融冰时开始繁殖。

环颈雉 *Phasianus colchicus*

鸟纲·鸡形目·雉科·雉属

- **形态特征：** 雌雄鸟差别显著。雄鸟头颈部羽毛绿色具金属光泽；头顶褐色，两侧具白色眉纹；眼先、眼周及颊部皮肤裸露，具绯红色角质刺疣；颏部、喉部、前颈均黑色，颈部多绿色具金属光泽；胸部紫红色，腹部黑色，两胁橙褐色，具黑斑；上背羽毛褐色具白斑，下背和腰侧羽毛灰色；翅上覆羽褐黄相间；飞羽土黄色布满深褐色横斑；尾羽棕褐色具褐色横纹，长而尖。雌鸟尾羽较短，眼周无绯红色裸皮，整体呈土黄色，布满棕色或黑色斑纹。

- **生活习性：** 留鸟。栖息于山地、低山丘陵、农田、林地等多种生境，适应性强。杂食性，夏季主要以昆虫及植物嫩芽为食，其他季节主要以植物种子为食。繁殖期为 3 ～ 7 月，一雄多雌制，营巢于草丛或灌丛的地面上，巢较简陋。

- **保护状况：** 在世界自然保护联盟（IUCN）发布的《濒危物种红色名录》中被评为无危（LC）等级，列入国家林业和草原局发布的《有重要生态、科学、社会价值的陆生野生动物名录》。

蓝马鸡 *Crossoptilon auritum*

鸟纲·鸡形目·雉科·马鸡属

● **形态特征：** 中国特有种。通体蓝灰色，颈项和肩部色深且具金属光泽，尾羽由灰蓝色渐变为暗紫蓝色。雄鸟前额白色；头顶密布黑色绒羽，后面以一道白色窄带为界；头侧裸露部分绯红色；耳羽簇白色，长而硬，突出于头颈之上；中央尾羽向上翘起；颏部、喉部白色；虹膜金黄色；嘴淡红色；腿部、脚均珊瑚红色。因其尾羽披散下垂如马尾而得名。

● **生活习性：** 留鸟。是高山寒冷地区的鸟类，栖息于海拔 2000～4000 米的山地针叶林、针阔叶混交林、灌丛和苔原草地。喜结群，集群有首领统帅，行动相当规律，有固定的夜宿地和觅食、沙浴场所。多在清晨和黄昏活动，属植食性，但食物范围比血雉更为广泛。

● **保护状况：** 在世界自然保护联盟（IUCN）发布的《濒危物种红色名录》中被评为无危（LC）等级，在我国《国家重点保护野生动物名录》中的保护级别为二级。

高原山鹑 *Perdix hodgsoniae*

鸟纲·鸡形目·雉科·山鹑属

● **形态特征：** 具醒目的白色眉纹和特有的栗色颈环，眼下睑侧具 1 个较宽的黑色斑块。上体密布黑色横纹，外侧尾羽棕褐色；下体呈黄白色，胸部具很宽的黑色鳞状斑纹并延伸至体侧。

● **生活习性：** 栖息于海拔 2500 ～ 5000 米的高山裸岩、高山苔原高原、亚高山矮树丛和灌丛，具季节性垂直迁徙现象。主要以高山植物的叶、芽、茎、浆果、种子及苔藓等为食，也吃昆虫等动物性食物。

● **保护状况：** 在世界自然保护联盟（IUCN）发布的《濒危物种红色名录》中被评为无危（LC）等级，列入国家林业和草原局发布的《有重要生态、科学、社会价值的陆生野生动物名录》。

藏雪鸡 *Tetraogallus tibetanus*

鸟纲 · 鸡形目 · 雉科 · 雪鸡属

- **形态特征:** 外表很像鹌鹑,但比鹌鹑大得多。头部全为灰色,耳后具白斑。棕褐色的羽毛与所栖息的高山裸岩区地表颜色近似,胸部与腹部均呈白色而具黑纹。

- **生活习性:** 留鸟。世界上分布海拔最高的雉类,栖息于海拔 3000 ～ 6000 米的森林上线至雪线之间的高山灌丛、苔原及裸岩地带,具季节性垂直迁移现象。常在裸露岩石的稀疏灌丛和高山苔原草甸等处活动,也常在雪线附近觅食。善跑不善飞,喜集群活动以防御敌害。

- **保护状况:** 在世界自然保护联盟（IUCN）发布的《濒危物种红色名录》中被评为无危（LC）等级,在我国《国家重点保护野生动物名录》中的保护级别为二级。

岩鸽 *Columba rupestris*

鸟纲·鸽形目·鸠鸽科·鸽属

● **形态特征**：嘴爪平直或稍弯曲；嘴基部柔软，被蜡膜；嘴端膨大而具角质。颈部和脚均较短，胫部全被羽。

● **生活习性**：留鸟。主要栖息于山地岩石和悬崖峭壁处，最高可生活于海拔5000米以上的地区。常成群活动，多结成小群到山谷和平原田野上觅食。性较温顺。主要以种子、果实、球茎、块根等植物性食物为食。

● **保护状况**：在世界自然保护联盟（IUCN）发布的《濒危物种红色名录》中被评为无危（LC）等级，列入国家林业和草原局发布的《有重要生态、科学、社会价值的陆生野生动物名录》。

灰斑鸠 *Streptopelia decaocto*

鸟纲 · 鸽形目 · 鸠鸽科 · 斑鸠属

形态特征： 全身灰褐色。翅膀具蓝灰色斑块，尾羽尖端白色。颈后具黑色颈环，环外有白色羽毛围绕。虹膜及眼睑均为红色，眼周裸露皮肤白色或浅灰色。嘴近黑色。脚和趾暗粉红色。

生活习性： 留鸟。栖息于平原、山麓和低山丘陵地带的树林中，也常出现于农田、耕地、果园、灌丛、城镇和村屯附近。群居，多以小群或与其他斑鸠混群活动。以各种植物的果实与种子为食，也吃昆虫。

保护状况： 在世界自然保护联盟（IUCN）发布的《濒危物种红色名录》中被评为无危（LC）等级，列入国家林业和草原局发布的《有重要生态、科学、社会价值的陆生野生动物名录》。

珠颈斑鸠 *Spilopelia chinensis*

鸟纲·鸽形目·鸠鸽科·珠颈斑鸠属

- **形态特征：** 头部鸽灰色，上体大都褐色，下体粉红色。后颈具宽阔的黑色，其上满布白色细小斑点形成的领斑，在淡粉红色的颈部极为醒目。

- **生活习性：** 留鸟。常成小群活动，有时亦与其他斑鸠混群。主要以植物种子为食，通常在天亮后离开栖息树到地面觅食，离开栖息树前常鸣叫一阵。

- **保护状况：** 在世界自然保护联盟（IUCN）发布的《濒危物种红色名录》中被评为无危（LC）等级，列入国家林业和草原局发布的《有重要生态、科学、社会价值的陆生野生动物名录》。

白腰雨燕 *Apus pacificus*

鸟纲·夜鹰目·雨燕科·雨燕属

● **形态特征：** 两翼和尾大都黑褐色，头顶至上背具淡色羽缘，下背、两翅表面及尾上覆羽微具光泽，亦具近白色羽缘。腰白色，具细的暗褐色羽干纹。颏部、喉部白色，具细的黑褐色羽干纹。

● **生活习性：** 夏候鸟。常成群在栖息地面空来回飞翔。飞行速度甚快，常边飞边叫，声音尖细，发声为单音节。以各种昆虫为食，在飞行中捕食，主要捕食叶蝉、小蜂、姬蜂、蝽象、食蚜蝇、蝇、蚊等。

● **保护状况：** 在世界自然保护联盟（IUCN）发布的《濒危物种红色名录》中被评为无危（LC）等级，列入国家林业和草原局发布的《有重要生态、科学、社会价值的陆生野生动物名录》。

大杜鹃 *Cuculus canorus*

鸟纲 · 鹃形目 · 杜鹃科 · 杜鹃属

- **形态特征：** 雄鸟上体纯暗灰色；两翅暗褐色，翅缘白而杂以褐斑；尾黑色，先端缀白；中央尾羽沿羽干两侧具白色细点；颏部、喉部、上胸及头部和颈部等的两侧均浅灰色；下体余部白色，杂以黑褐色横斑。雌雄鸟外形相似，但雌鸟上体灰色沾褐色，胸部棕色。

- **生活习性：** 主要为夏候鸟，部分为旅鸟。常单独活动。繁殖期喜鸣叫，常站在乔木顶枝上鸣叫不息，有时边飞边鸣叫，叫声粗犷而单调，听起来像"布谷，布谷"，"布谷鸟"之名由此而来。主要以松毛虫、舞毒蛾、枯叶蛾及其他鳞翅目幼虫为食，也吃蝗虫、步甲、蜂等昆虫。

- **保护状况：** 在世界自然保护联盟（IUCN）发布的《濒危物种红色名录》中被评为无危（LC）等级，列入国家林业和草原局发布的《有重要生态、科学、社会价值的陆生野生动物名录》。

黑鹳 *Ciconia nigra*

鸟纲·鹳形目·鹳科·鹳属

- **形态特征：** 成鸟体长 1～1.2 米，体重 2～3 千克；嘴长而粗壮，头部、颈部及脚均甚长，嘴和脚红色。身上的羽毛除胸腹部为纯白色外，其余均为黑色，在不同角度的光线下，可以映出多种颜色。

- **生活习性：** 因数量稀少，被喻为鸟类中的"大熊猫"。夏候鸟。涉禽。栖息于河流沿岸、沼泽山区溪流附近，在高树或岩石上筑大型的巢，有沿用旧巢的习性。飞时头颈伸直。以鱼为主食，也捕食其他小型动物。

- **保护状况：** 在世界自然保护联盟（IUCN）发布的《濒危物种红色名录》中被评为无危（LC）等级，列入《濒危野生动植物种国际贸易公约》（CITES）附录Ⅱ，在我国《国家重点保护野生动物名录》中的保护级别为一级。

高山兀鹫 *Gyps himalayensis*

鸟纲 · 鹰形目 · 鹰科 · 兀鹫属

- **形态特征：** 全长约 110 厘米。羽毛颜色变化较大。头部和颈部裸露，被污黄色或白色绒羽，颈基部的羽簇呈披针形，淡皮黄色或黄褐色。上体及翅上覆羽淡黄褐色，飞羽黑色。下体淡黄色或淡黄褐色，飞翔时淡色的下体和较暗的翅形成鲜明对照。幼鸟暗褐色，具淡色羽轴纹。

- **生活习性：** 留鸟。多栖息于海拔 2500 ～ 5500 米的高山、高寒草甸、草原、戈壁及河谷地区，多单个或集群翱翔，有时停栖在较高的山岩或山坡上。主要以尸体、病弱的大型动物、旱獭、啮齿类或家畜等为食。能飞越珠穆朗玛峰，是世界上飞得最高的鸟类之一。

- **保护状况：** 在世界自然保护联盟（IUCN）发布的《濒危物种红色名录》中被评为近危（NT）等级，列入《濒危野生动植物种国际贸易公约》（CITES）附录Ⅱ，在我国《国家重点保护野生动物名录》中的保护级别为二级。

黑鸢 *Milvus migrans*

鸟纲·鹰形目·鹰科·鸢属

- **形态特征：** 上体暗褐色，下体棕褐色，均具黑褐色羽干纹。尾较长，叉状，具宽度相等的黑色和褐色相间排列的横斑。飞翔时翼下左右各具 1 块大白斑。雌鸟显著大于雄鸟。

- **生活习性：** 留鸟。栖息于开阔平原、草地、荒原和低山丘陵地带。白天活动，常单独在高空飞翔，秋季有时亦成 2 ~ 3 只的小群。主要以小型鸟类、鼠、蛇、蛙、鱼、野兔、蜥蜴及昆虫等动物性食物为食。一般通过在空中盘旋来观察和寻觅食物。

- **保护状况：** 在世界自然保护联盟（IUCN）发布的《濒危物种红色名录》中被评为无危（LC）等级，列入《濒危野生动植物种国际贸易公约》（CITES）附录Ⅱ，在我国《国家重点保护野生动物名录》中的保护级别为二级。

普通鵟 *Buteo japonicus*

鸟纲·鹰形目·鹰科·鵟属

- **形态特征：** 上体主要为暗褐色，下体主要为暗褐色或淡褐色，具深棕色横斑或纵纹。尾散开呈扇形，淡灰褐色，具多条暗色横斑。飞翔时两翼宽阔，初级飞羽基部具明显的白斑，翼下白色，仅翼尖、翼角及飞羽外缘黑色（淡色型）或全为黑褐色（暗色型），翱翔时两翅微向上举成浅 V 形。

- **生活习性：** 夏候鸟。猛禽。栖息于针叶林、阔叶林、针阔叶混交林等山地森林和林缘地带。日出性。常单独生活。以小型鸟类、昆虫和鼠为食，亦捕食野兔和蛇。

- **保护状况：** 在世界自然保护联盟（IUCN）发布的《濒危物种红色名录》中被评为无危（LC）等级，列入《濒危野生动植物种国际贸易公约》（CITES）附录 II，在我国《国家重点保护野生动物名录》中的保护级别为二级。

雀鹰 *Accipiter nisus*

鸟纲·鹰形目·鹰科·鹰属

- **形态特征：** 雌鸟较雄鸟略大，翅阔而圆，尾较长。雄鸟上体暗灰色，雌鸟上体灰褐色，头后杂有少许白色。下体白色或淡灰白色。

- **生活习性：** 夏候鸟。小型猛禽。主要栖息于山地森林和林缘地带，从海拔 400 米的山脚阔叶林到海拔 2000 米的针阔叶混交林和针叶林地带均有分布，常在开阔平原、荒漠、旷野、开垦的耕作区、林缘草地和村庄上空盘旋翱翔，通常快速鼓动两翅飞一阵后接着又滑翔一会。以森林鼠类为食。

- **保护状况：** 在世界自然保护联盟（IUCN）发布的《濒危物种红色名录》中被评为无危（LC）等级，列入《濒危野生动植物种国际贸易公约》（CITES）附录 II，在我国《国家重点保护野生动物名录》中的保护级别为二级。

纵纹腹小鸮 *Athene noctua*

鸟纲·鸮形目·鸱鸮科·小鸮属

● **形态特征**：头顶平；无耳羽簇；眼亮黄色且长凝不动。上体沙褐色或灰褐色，散布白色斑点。下体棕白色且具褐色纵纹，肩部具 2 道白色或皮黄色横斑。虹膜亮黄色，嘴黄色。脚白色、被羽，爪黑褐色。

● **生活习性**：留鸟。栖息于低山丘陵、林缘灌丛和平原森林地带，也出现在农田、荒漠和村庄附近的丛林中。以鼠、蜥蜴、甲虫等为食。

● **保护状况**：在世界自然保护联盟（IUCN）发布的《濒危物种红色名录》中被评为无危（LC）等级，列入《濒危野生动植物种国际贸易公约》（CITES）附录Ⅱ，在我国《国家重点保护野生动物名录》中的保护级别为二级。

大斑啄木鸟 *Dendrocopos major*

鸟纲·啄木鸟目·啄木鸟科·啄木鸟属

● **形态特征：** 上体主要为黑色，额、颊部和耳羽白色，肩部和翅上各具 1 块大的白斑；中央尾羽黑色，外侧尾羽和飞羽具黑白相间的横斑。下体污白色，无斑。下腹和尾下覆羽鲜红色。雄鸟枕部红色。

● **生活习性：** 留鸟。栖息于山地和平原针叶林、针阔叶混交林和阔叶林中，尤以针阔叶混交林和阔叶林中较多，也出现于林缘次生林和农田地边疏林及灌丛地带。

● **保护状况：** 在世界自然保护联盟（IUCN）发布的《濒危物种红色名录》中被评为无危（LC）等级，列入国家林业和草原局发布的《有重要生态、科学、社会价值的陆生野生动物名录》。

黑啄木鸟 *Dryocopus martius*

鸟纲·啄木鸟目·啄木鸟科·黑啄木鸟属

- **形态特征：** 大型啄木鸟，体长 45 ～ 47 厘米，翼展 64 ～ 68 厘米，体重 300 ～ 350 克。通体几乎纯黑色。雄鸟额、头顶和枕部全为朱红色；雌鸟仅头部后侧具朱红色。虹膜淡黄色，嘴蓝灰色至骨白色，嘴尖铅黑色，脚黑褐色或深褐灰色。幼鸟嘴铅灰色至灰白色，嘴端蓝灰色，脚亦为蓝灰色。

- **生活习性：** 留鸟。栖息于海拔 1800 米以下的原始针叶林和针阔叶混交林中，有时亦出现于阔叶林和林缘次生林。常单独活动，繁殖后期则成家族群。在夏季主要以蚂蚁的成虫、幼虫、卵及金龟子、叩头虫和其他昆虫及其卵与蛹为食，冬季主要以在树干内越冬的天牛幼虫为食。

- **保护状况：** 在世界自然保护联盟（IUCN）发布的《濒危物种红色名录》中被评为无危（LC）等级，在我国《国家重点保护野生动物名录》中的保护级别为二级。

红隼 *Falco tinnunculus*

鸟纲 · 隼形目 · 隼科 · 隼属

● **形态特征：** 雄鸟头顶、头侧、后颈、颈侧蓝灰色，前额、眼先和细窄的眉纹棕白色，眼下具1条宽的黑色纵纹沿口角垂直向下。背部、肩部和翅上覆羽砖红色，具较稀疏的近三角形黑色斑块。腰部和尾蓝灰色，尾羽具宽阔的黑色次端斑和窄的白色端斑。翅长而狭尖，初级覆羽和飞羽黑褐色，具淡灰褐色端缘。颊部、喉部乳白色或棕白色，胸部、腹部和两胁棕黄色或乳黄色。

● **生活习性：** 夏候鸟。小型猛禽。栖息于山地和旷野中，多以单个或成对活动，飞得较高。以猎食时有翱翔习性而著名。以大型昆虫、小型鸟类、蛙、蜥蜴以及小型哺乳动物为食。

● **保护状况：** 在世界自然保护联盟（IUCN）发布的《濒危物种红色名录》中被评为无危（LC）等级，在我国《国家重点保护野生动物名录》中的保护级别为二级。

燕隼 *Falco subbuteo*

鸟纲·隼形目·隼科·隼属

- **形态特征：** 喙较鹰科鸟类短，顶端两侧具齿突，基部不被蜡膜或须状羽；鼻孔圆形，自鼻孔向内可见一柱状骨棍。翅长而狭尖，扇翅节奏快；翅膀折合时，翅尖几乎到达尾羽的端部，看上去很像燕子，因而得名。尾较细长。雄鸟上体红砖色，背及翅上具黑色三角形斑；雌鸟上体深棕色，杂以黑褐色横斑，尾羽深棕色，带9～12条黑褐色横斑。下体乳黄色，具黑褐色条纹。腿羽淡红色。

- **生活习性：** 夏候鸟。小型猛禽。中国猛禽中较为常见的种类，栖息于有稀疏树木生长的开阔平原、旷野、耕地、海岸、疏林和林缘地带。主要在空中捕食，有时也到地面捕食，主要以麻雀、山雀等雀形目鸟类为食，也大量地捕食蜻蜓、蟋蟀、蝗虫、天牛、金龟子等昆虫。

- **保护状况：** 在世界自然保护联盟（IUCN）发布的《濒危物种红色名录》中被评为无危（LC）等级，在我国《国家重点保护野生动物名录》中的保护级别为二级。

戴胜 *Upupa epops*

鸟纲·犀鸟目·戴胜科·戴胜属

● 形态特征： 头部、颈部、胸部淡棕栗色。头顶具凤冠状羽冠，羽冠羽端黑色。下背和肩羽黑褐色而杂有棕白色的羽端，上下背间具黑色、棕白色、黑褐色 3 道带斑及 1 道不完整的白色带斑，连成的宽带向两侧围绕至翼弯下方。腰部白色。尾上覆羽基部白色，端部黑色，部分羽端缘白色；尾羽黑色，各羽中部向两侧至近端部具 1 条白斑相连成的弧形横带。腹部及两胁由淡棕色转为白色，杂有褐色纵纹，至尾下覆羽全为白色。

● 生活习性： 夏候鸟。栖息于山地、平原、森林、林缘、路边、河谷、农田、草地、村屯和果园等开阔地，尤其以林缘耕地生境较为常见。多单独或成对活动。常在地面上慢步行走，边走边觅食，飞行时两翅扇动缓慢，呈一起一伏的波浪式前进。停歇或在地面觅食时，羽冠张开，形如一把扇，遇惊后则立即收紧贴于头上。以昆虫为食，主要以直翅目、膜翅目、鞘翅目、鳞翅目的昆虫和幼虫为食。

● 保护状况： 在世界自然保护联盟（IUCN）发布的《濒危物种红色名录》中被评为无危（LC）等级，列入国家林业和草原局发布的《有重要生态、科学、社会价值的陆生野生动物名录》。

灰背伯劳 *Lanius tephronotus*

鸟纲·雀形目·伯劳科·伯劳属

- **形态特征：** 自前额、眼前过眼至耳羽均黑色；头顶至下背暗灰色；翅、尾黑褐色；下体近白色，胸部锈棕色。仅腰部及尾上覆羽具狭窄的棕色带纹。

- **生活习性：** 夏候鸟。栖息于平原至海拔 4000 米的山地疏林地区，在农田及农舍附近较多。常栖息于树梢的枝干或电线上，在榆、槐等阔叶树或灌木上筑巢。以昆虫为主食，也吃鼠、蛙、小型鸟类等。

- **保护状况：** 在世界自然保护联盟（IUCN）发布的《濒危物种红色名录》中被评为无危（LC）等级，列入国家林业和草原局发布的《有重要生态、科学、社会价值的陆生野生动物名录》。

虎纹伯劳 *Lanius tigrinus*

鸟纲 · 雀形目 · 伯劳科 · 伯劳属

● **形态特征：** 雄性成鸟的额基、眼先和宽阔的贯眼纹黑色；前额、头顶至后颈蓝灰色；上体其余部分包括肩羽及翅上覆羽均栗红褐色，杂以黑色波状横斑；飞羽暗褐色，背面具棕褐色羽缘；尾羽棕褐色，具不明显褐色横斑，外侧尾羽端缘棕白色；下体纯白色，两胁略沾蓝灰色；覆腿羽白色杂以黑斑。雌性成鸟羽色与雄性成鸟相似，但前额基部的黑斑较小，眼先及过眼黑纹沾褐色，头顶灰色及背羽的栗褐色均不如雄鸟鲜艳；胁部缀以黑褐色鳞状横斑。

● **生活习性：** 夏候鸟。栖息于低山丘陵和山脚平原地区的森林和林缘地带，尤以开阔的次生阔叶林、灌木林和林缘灌丛地带较常见。生性凶猛，常停栖于固定场所寻觅和抓捕猎物。主要食物是昆虫，特别是蝗虫、蟋蟀、甲虫、臭虫、蝴蝶和飞蛾，也吃小型鸟类及蜥蜴。

● **保护状况：** 在世界自然保护联盟（IUCN）发布的《濒危物种红色名录》中被评为无危（LC）等级，列入国家林业和草原局发布的《有重要生态、科学、社会价值的陆生野生动物名录》。

达乌里寒鸦 *Corvus dauuricus*

鸟纲·雀形目·鸦科·鸦属

● **形态特征：** 小型鸦类。雌雄鸟羽色相似，全身羽毛主要为黑色且具蓝
紫色金属光泽，仅后颈具 1 条宽阔的白色颈环向两侧延伸至胸和腹
部，在黑色体羽的衬托下极为醒目。亚成体全身黑色。

● **生活习性：** 夏候鸟。栖息于山地、丘陵、平原、农田、旷野等各类生境
中，尤以河边悬岩和河岸森林地带较常见，晚上多栖于附近树上和
悬岩岩石上。喜成群，有时也和其他鸦类混群活动，一群可以由数
十只到数百只个体组成，多可达数万只。主要以蝼蛄、甲虫、金龟
子等昆虫为食，也会跟其他鸦科鸟类一样吃动物尸体和抢其他鸟类
的鸟蛋吃。

● **保护状况：** 在世界自然保护联盟（IUCN）发布的《濒危物种红色名录》
中被评为无危（LC）等级，列入国家林业和草原局发布的《有重
要生态、科学、社会价值的陆生野生动物名录》。

小嘴乌鸦 *Corvus corone*

鸟纲 · 雀形目 · 鸦科 · 鸦属

● **形态特征：** 雌雄鸟羽色相似。全身羽毛黑色，通体黑色具紫蓝色金属光泽，头顶羽毛窄而尖，喉部羽毛呈披针形，下体羽色较上体稍淡。后颈羽毛的羽瓣较明显，呈现比较结实的羽毛构造，羽干明显并发亮。额头特别突出，额弓较低，嘴基部被黑色羽，喙端略弯曲。

● **生活习性：** 留鸟。栖息于低山、丘陵和平原地带的疏林及林缘地带，部分繁殖区在海拔 3500 米左右的山地，冬季常下到山脚平原和低山丘陵等低海拔地区。喜结大群栖息，但不结群营巢。杂食性，以腐尸、垃圾等为食，亦取食植物的种子和果实，被称为"自然界的清洁工"。

● **保护状况：** 在世界自然保护联盟（IUCN）发布的《濒危物种红色名录》中被评为无危（LC）等级。

大嘴乌鸦 *Corvus macrorhynchos*

鸟纲·雀形目·鸦科·鸦属

● **别名：** 老鸦、老鸹。

● **形态特征：** 雀形目鸟类中体型最大的几个物种之一，成年个体体长可达50厘米。雌雄鸟同形同色，通身漆黑，除头顶、后颈和颈侧外的其他部分羽毛具蓝色、紫色和绿色的金属光泽。嘴粗大，嘴峰弯曲且峰嵴明显；嘴基具长羽，伸至鼻孔处。额较陡突。尾长，楔状。后颈羽毛柔软松散如发状，羽干不明显。

● **生活习性：** 留鸟。对生活环境不挑剔，无论山区还是平原均可见到，喜结群活动于城市、郊区等适宜的环境。杂食性，主要以蝗虫、金龟甲、金针虫、蝼蛄、蛴螬等昆虫的成虫、幼虫和蛹为食。

● **保护状况：** 在世界自然保护联盟（IUCN）发布的《濒危物种红色名录》中被评为无危（LC）等级。

喜鹊 *Pica serica*

鸟纲 · 雀形目 · 鸦科 · 鹊属

- **形态特征：** 体长 40～50 厘米。雌雄鸟羽色相似，头部、颈部、背部至尾均为黑色，自前往后具紫色、绿蓝色、绿色等光泽，双翅黑色且在翼肩部具 1 块大白斑。尾远较翅长，楔形。嘴、腿部、脚纯黑色，腹面以胸为界，前黑后白。

- **生活习性：** 留鸟。栖息地多样，常出没于人类活动地区，喜欢将巢筑在民宅旁的大树上。全年大多成对生活，杂食性，在旷野和田间觅食，繁殖期捕食昆虫、蛙等小型动物，也盗食其他鸟类的卵及雏鸟，兼食瓜果、谷物、种子等。

- **保护状况：** 在世界自然保护联盟（IUCN）发布的《濒危物种红色名录》中被评为无危（LC）等级，列入国家林业和草原局发布的《有重要生态、科学、社会价值的陆生野生动物名录》。

红嘴山鸦 *Pyrrhocorax pyrrhocorax*

鸟纲 · 雀形目 · 鸦科 · 山鸦属

● **形态特征：** 中型鸦类。雌雄鸟羽色相似，除嘴和脚红色外，全身羽毛纯黑色且具蓝色金属光泽。

● **生活习性：** 留鸟。栖息于开阔的低山丘陵和山地，栖息地最高海拔可达 4500 米，冬季多下到山脚和平原地带，有时甚至进入农田、村寨和城镇附近。地栖性，常成对或成小群在地面活动和觅食，也喜成群在山头上空和山谷间飞翔。主要以金针虫、天牛、金龟子、蝗虫、蚱蜢、螽斯、蝽象、蚊子、蚂蚁等昆虫为食，也吃果实、种子、嫩芽等植物性食物。

● **保护状况：** 在世界自然保护联盟（IUCN）发布的《濒危物种红色名录》中被评为无危（LC）等级，列入国家林业和草原局发布的《有重要生态、科学、社会价值的陆生野生动物名录》。

大山雀 *Parus minor*

鸟纲 · 雀形目 · 山雀科 · 山雀属

● **形态特征：** 雄鸟整个头部黑色，头两侧各具
1个大型三角形白斑，喙尖细，便于捕食。
上背和两肩黄绿色，在上背黄绿色和后
颈黑色之间具1条细窄的白色横带；下
背至尾上覆羽蓝灰色，中央一对尾羽亦
呈蓝灰色，羽干黑色，其余尾羽内翈黑
褐色，外翈蓝灰色，最外侧一对尾羽白色。
下体白色，胸部、腹部具1条宽的中央
纵纹与颏部、喉部的黑色相连。

● **生活习性：** 留鸟。栖息于低山和山麓地带的
次生阔叶林、阔叶林和针阔叶混交林中，
也出入于人工林和针叶林。较活泼且大
胆，行动敏捷，常在树枝间穿梭跳跃，
从一棵树飞到另一棵树上，边飞边叫，
略呈波浪状飞行。主要以金龟子、鳞翅
目幼虫、蚂蚁、松毛虫等为食。

● **保护状况：** 在世界自然保护联盟（IUCN）发
布的《濒危物种红色名录》中被评为无
危（LC）等级，列入国家林业和草原局
发布的《有重要生态、科学、社会价值
的陆生野生动物名录》。

白眉山雀 *Poecile superciliosus*

鸟纲·雀形目·山雀科·高山山雀属

- **形态特征：** 中国特有种。白色眉纹显著，头顶及胸兜黑色；前额的白色后延而成白色的长眉纹；头侧、两胁及腹部黄褐色；臀部皮黄色；上体深灰沾橄榄色。
- **生活习性：** 留鸟。栖息于海拔 3000 ～ 4000 米的山坡灌丛。
- **保护状况：** 在世界自然保护联盟（IUCN）发布的《濒危物种红色名录》中被评为无危（LC）等级，在我国《国家重点保护野生动物名录》中的保护级别为二级。

褐头山雀 *Poecile montanus*

鸟纲 · 雀形目 · 山雀科 · 高山山雀属

● **形态特征：** 冠羽及胸兜黑色，后颈具 1 块大白斑，脸颊白色；背部、肩部、腰部和尾上覆羽暗蓝灰色，尾暗褐色；两翅覆羽暗褐色，无翼斑。下体灰色，臀部棕色。

● **生活习性：** 留鸟。栖息于海拔 800 ～ 4000 米的湿润山地针叶林。除繁殖期和冬季单独活动或成对活动外，其他季节多成群活动，有时也与其他山雀混群。常活动于树冠层中下部，群较松散。性活泼，行动敏捷，在枝丫间穿梭寻觅食物。主要以鞘翅目、鳞翅目、直翅目、膜翅目等昆虫及其幼虫为食，也吃少量植物性食物。

● **保护状况：** 在世界自然保护联盟（IUCN）发布的《濒危物种红色名录》中被评为无危（LC）等级，列入国家林业和草原局发布的《有重要生态、科学、社会价值的陆生野生动物名录》。

黑冠山雀 *Periparus rubidiventris*

鸟纲 · 雀形目 · 山雀科 · 黑冠山雀属

- **形态特征：** 小型山雀。头顶及颏部褐黑色，上体褐灰色，颊部白色，喉部黑色；下体近白色，腹部棕色，两胁皮黄色，无翼斑或项纹。

- **生活习性：** 留鸟。栖息于干燥平原、旷野、半荒漠、沙漠边缘、农耕地及弃耕地。主要以草籽、嫩芽、浆果等为食，也捕食昆虫，如甲虫、蚱蜢、蝗虫等。

- **保护状况：** 在世界自然保护联盟（IUCN）发布的《濒危物种红色名录》中被评为无危（LC）等级，列入国家林业和草原局发布的《有重要生态、科学、社会价值的陆生野生动物名录》。

花彩雀莺 *Leptopoecile sophiae*

鸟纲·雀形目·长尾山雀科·雀莺属

● **形态特征：** 体长 9 ～ 12 厘米，是一种毛茸茸偏紫色的雀莺。顶冠棕色，眉纹白色。尾长，羽毛松软。前额具 1 条宽阔的淡黄色眉纹，头顶栗色或棕红色，有的具紫蓝色光泽。背部灰色，腰部和尾上覆羽灰紫蓝色，飞羽灰褐色。外侧 3 对尾羽羽缘白色，其余尾羽羽缘蓝色。下体皮黄色或紫色，腹部中央具栗色斑，也有下体紫蓝色而腹部皮黄色。虹膜红色。嘴黑色；脚灰褐色。

● **生活习性：** 留鸟。栖息于海拔 2500 米以上的高山和亚高山矮曲林、高山杜鹃灌丛和草地，夏季栖息于林线以上至海拔 4600 米，冬季低栖至海拔 2000 米。繁殖期单独或成对活动，其他季节则多成群。性活泼，行动敏捷，频繁地在树枝和灌木枝间穿梭、飞行、跳跃或觅食。主要以昆虫为食，冬季也吃少量植物果实和种子。

● **保护状况：** 在世界自然保护联盟（IUCN）发布的《濒危物种红色名录》中被评为无危（LC）等级，列入国家林业和草原局发布的《有重要生态、科学、社会价值的陆生野生动物名录》。

凤头雀莺 *Leptopoecile elegans*

鸟纲·雀形目·长尾山雀科·雀莺属

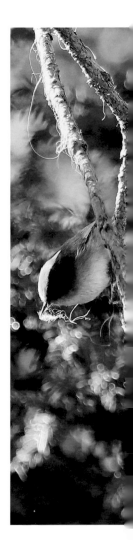

● **形态特征：** 中国特有种。中国体型最小的鸟类之一，体长 9 ～ 10 厘米。雄鸟毛茸茸的，呈紫色和绛紫色，顶冠淡紫灰色，额及凤头白色，眼先黑色，头侧、后颈、颈侧和翕栗色或紫色。肩部和上背灰蓝色，下背、腰部和尾上覆羽天蓝色；颏部和喉部淡栗色，胸部葡萄红色，腹部紫蓝色，尾下覆羽淡栗色或皮黄色，两胁和尾下覆羽紫色。雌鸟喉部及上胸白色，至臀部渐变成淡紫色，耳羽灰色，1 道黑线纹将灰色头顶及近白色的凤头与偏粉色的枕部及上背隔开。

● **生活习性：** 留鸟。栖息于海拔 3000 ～ 4000 米的高原山地针叶林中，尤其是杉树林，夏季栖息于冷杉林及林线以上的灌丛，可至海拔 4300 米。常单独或成对活动，冬季和春秋季也结小群活动。性活泼，常在树上枝叶间跳来跳去，或从一棵树快速飞向另一棵树，也在林下灌丛中活动和觅食。主要以甲虫、金龟甲、叶蝉、蚂蚁、蟋蟀、蜂等昆虫的成虫、幼虫等为食。

● **保护状况：** 在世界自然保护联盟（IUCN）发布的《濒危物种红色名录》中被评为无危（LC）等级，列入国家林业和草原局发布的《有重要生态、科学、社会价值的陆生野生动物名录》。

凤头百灵 *Galerida cristata*

鸟纲·雀形目·百灵科·凤头百灵属

● **形态特征：** 体长 17～18 厘米。具羽冠，冠羽长而窄。上体沙褐色且
具近黑色纵纹，尾羽皮黄色。下体浅皮黄色，胸部密布近黑色纵纹。
嘴略长而下弯。飞行时两翼宽，翼下锈色；尾羽中等长度，具浅叉，
中央一对尾羽浅褐色，最外侧一对尾羽大部分为黑褐色。腿、脚强
健有力，后趾具长而直的爪，适应地栖生活；跗跖后缘具盾状鳞。

● **生活习性：** 非繁殖期多集群生活。常于地面行走或在空中波状飞行。
振翅速度极快，可保持身体悬停于空中并持续鸣叫，再垂直下降落
地。在地面善奔走，受惊扰时常藏匿不动，因体色与周围环境颜色
相近而不易被发觉。杂食性，主要以禾本科、莎草科、蓼科、茜草
科和胡枝子等植物为食，也吃甲虫、蚱蜢、蝗虫等动物。

● **保护状况：** 在世界自然保护联盟（IUCN）发布的《濒危物种红色名录》
中被评为无危（LC）等级，列入国家林业和草原局发布的《有重要
生态、科学、社会价值的陆生野生动物名录》。

角百灵 *Eremophila alpestris*

鸟纲 · 雀形目 · 百灵科 · 角百灵属

- **形态特征：** 体长 15 ～ 17 厘米。上体棕褐色至灰褐色。雄鸟前额白色，头顶红褐色，在额与顶之间具宽阔的黑色带纹，带纹后两侧具黑色羽毛突起于头后如角。眼先、颊部、耳羽和嘴基黑色，眉纹白色或淡黄色且与前额白色相连。颊部白色并具黑色宽胸带，尾暗褐色，但外侧一对尾羽白色。后爪长而稍弯曲。下体白色，胸部具 1 条黑色横带。雌鸟和雄鸟羽色相似，但羽冠短或不明显，胸部黑色横带纹亦较窄小。

- **生活习性：** 夏候鸟。栖息于干旱山地、荒漠、草地或岩石上。非繁殖期多结群生活，主要在地面活动，常作短距离低飞或奔跑，一般不高飞或远飞。主要以草籽等植物性食物为食，也吃昆虫等动物性食物。

- **保护状况：** 在世界自然保护联盟（IUCN）发布的《濒危物种红色名录》中被评为无危（LC）等级，列入国家林业和草原局发布的《有重要生态、科学、社会价值的陆生野生动物名录》。

小云雀 *Alauda gulgula*

鸟纲 · 雀形目 · 百灵科 · 云雀属

- **形态特征：** 雌雄鸟羽色相似，全身羽毛黄褐色，具耸起的短羽冠，上具细纹。上体沙棕色或棕褐色，满布黑褐色羽干纹。眼先和眉纹棕白色，耳羽淡棕栗色。翅黑褐色，尾羽黑褐色且微具窄的棕白色羽缘，最外侧一对尾羽几乎纯白色。下体淡棕色或棕白色，胸部棕色较浓密且布黑褐色羽干纹。虹膜暗褐色或褐色，嘴褐色，下嘴基部淡黄色。脚肉黄色。

- **生活习性：** 夏候鸟。栖息于开阔平原、草地、低山平地、河边、沙滩、草丛、荒山坡、农田、荒地以及沿海平原。除繁殖期成对活动外，其他时候多成群。主要在地面活动，善奔跑，有时也停歇在灌木上。常突然从地面垂直飞起，边飞边鸣，直上高空，连续扇动翅膀，并能悬停于空中片刻，再振翅高飞。有时飞得太高，仅能听见鸣叫而难见鸟身，其鸣声清脆悦耳。降落时常两翅突然相叠，急速下坠，或缓慢向下滑翔。杂食性，主要以禾本科、蓼科、茜草科等植物性食物为食，也吃蚂蚁及鳞翅目、鞘翅目等昆虫和昆虫幼虫。

- **保护状况：** 在世界自然保护联盟（IUCN）发布的《濒危物种红色名录》中被评为无危（LC）等级，列入国家林业和草原局发布的《有重要生态、科学、社会价值的陆生野生动物名录》。

暗绿柳莺 *Phylloscopus trochiloides*

鸟纲·雀形目·柳莺科·柳莺属

- **形态特征：** 体长 10 ～ 12 厘米。雌雄鸟羽色相似。上体暗橄榄绿色或橄榄灰绿色；眉纹淡黄白色，长而显著，贯眼纹暗褐色，自鼻孔穿过眼向后延伸至枕部；两翅内侧与背部覆羽均橄榄绿色，外侧覆羽暗褐色，各羽外缘黄绿色，翅上通常具 2 道黄白色翼斑，位置靠前的翼斑大多不明显。下体污黄白色。下嘴淡黄色。

- **生活习性：** 留鸟。栖息于海拔 500 ～ 4400 米的针叶林、针阔叶混交林、阔叶林，也见于林缘疏林、灌丛，尤其是在河谷和溪流沿岸的森林较为常见。繁殖季节主要栖息于海拔 1500 ～ 3000 米的高山和高原杉木林、杉木 + 桦树混交林中。常单独或成对活动，非繁殖季节也成小群或混群活动和觅食。性活跃，行动轻捷，整天不停息地在树枝间跳跃和飞翔。主要以昆虫为食，如鞘翅目的金龟甲、鳞翅目幼虫以及蚂蚁等。

- **保护状况：** 在世界自然保护联盟（IUCN）发布的《濒危物种红色名录》中被评为无危（LC）等级，列入国家林业和草原局发布的《有重要生态、科学、社会价值的陆生野生动物名录》。

极北柳莺 *Phylloscopus borealis*

鸟纲·雀形目·柳莺科·柳莺属

● **形态特征：** 体长 11 ～ 13 厘米。身体偏灰橄榄色，具明显的黄白色长眉
纹，眼先及过眼纹近黑色。上体灰橄榄绿色，具甚浅的白色翼斑，
大覆羽先端黄白色，形成 1 道翅上翼斑；中覆羽羽尖成第二道模糊
的翼斑。下体白色沾黄色，两胁褐橄榄色。虹膜暗褐色。嘴黑褐色，
下嘴黄褐色。跗跖和趾肉色。

● **生活习性：** 留鸟。栖息于海拔 400 ～ 1200 米的针叶林、稀疏的阔叶林、
针阔叶混交林及其林缘的灌丛地带。繁殖期常单独成对活动，迁徙
季则多成群，有时也和其他柳莺混群。性活泼，动作轻快敏捷，常
在树木枝叶间跳跃和飞翔。食物完全为动物性食物，主要是蛾类幼
虫，其次是蛾类成虫及其卵。

● **保护状况：** 在世界自然保护联盟（IUCN）发布的《濒危物种红色名录》
中被评为无危（LC）等级，列入国家林业和草原局发布的《有重
要生态、科学、社会价值的陆生野生动物名录》。

黄腹柳莺 *Phylloscopus affinis*

鸟纲·雀形目·柳莺科·柳莺属

- **形态特征：** 体长 8.8 ～ 10.6 厘米。无中央冠纹和侧冠纹，也无翅上翼斑。上体暗橄榄褐色；翅和尾羽褐色；眉纹宽阔，自鼻孔延伸至颈后，黄色；贯眼纹暗褐色。脸颊和下体深鲜黄色；颈侧、两胁、腹部染橄榄色；腋羽和翅下覆羽浅橄榄黄色。虹膜褐色。上嘴暗褐色，下嘴浅黄色。跗跖和趾淡黄褐色或浅绿褐色至黑色。

- **生活习性：** 留鸟。栖息于海拔 1000 ～ 5000 米的中高山森林和森林上限以上的高山或高原灌丛中。常单个、成对或 3 ～ 5 只成群活动。行动非常敏捷、灵活，在靠近地面的灌丛中觅食。食物全为昆虫，包括鳞翅目、膜翅目、双翅目等昆虫的成虫、幼虫。

- **保护状况：** 在世界自然保护联盟（IUCN）发布的《濒危物种红色名录》中被评为无危（LC）等级，列入国家林业和草原局发布的《有重要生态、科学、社会价值的陆生野生动物名录》。

黄腰柳莺 *Phylloscopus proregulus*

鸟纲·雀形目·柳莺科·柳莺属

● **形态特征：** 体长 8.8 ～ 10.6 厘米。雌雄鸟羽色相似。上体及两翼橄榄绿色；前额稍黄绿色，头顶中央具 1 道淡黄绿色纵纹，眉纹黄绿色，自嘴基直伸至头后部；自眼先具 1 条暗褐色贯眼纹，沿着眉纹下面向后延伸至枕部。两翅和尾黑褐色，羽缘黄绿色。腰部具明显的黄带。翅上的 2 条深黄色翼斑明显。腹部近白色，稍沾黄绿色。尾下覆羽黄白色，翼缘黄绿色。

● **生活习性：** 留鸟。栖息于针叶林和针阔叶混交林，从山脚平原到山上部林缘疏林地带皆有栖息。单独或成对活动于高大的树冠层中。性活泼，行动敏捷，常在树顶枝叶间跳来跳去寻觅食物。主要食物为昆虫。

● **保护状况：** 在世界自然保护联盟（IUCN）发布的《濒危物种红色名录》中被评为无危（LC）等级，列入国家林业和草原局发布的《有重要生态、科学、社会价值的陆生野生动物名录》。

山噪鹛 *Pterorhinus davidi*

鸟纲·雀形目·噪鹛科·噪鹛属

- **形态特征：** 中国特有种。体长 22 ～ 27 厘米。雌雄鸟羽色相似。嘴黄色而稍曲，整个上体包括两翅和尾上覆羽表面灰沙褐色，眉纹和耳羽淡褐色，腰部和尾上覆羽灰色。尾黑褐色，中央 1 对尾羽灰沙褐色，端部暗褐色，其余尾羽基部稍沾灰褐色。颏部黑色，其余下体灰色。

- **生活习性：** 留鸟。栖息于山地灌丛和矮树林中，也栖息于山脚、平原和溪流沿岸柳树丛。常成对或成 3 ～ 5 只的小群活动和觅食。性机警，多隐蔽于灌丛下或在地面活动。主要以昆虫的成虫、幼虫为食，也吃植物果实和种子。

- **保护状况：** 在世界自然保护联盟（IUCN）发布的《濒危物种红色名录》中被评为无危（LC）等级，列入国家林业和草原局发布的《有重要生态、科学、社会价值的陆生野生动物名录》。

欧亚旋木雀 *Certhia familiaris*

鸟纲 · 雀形目 · 旋木雀科 · 旋木雀属

● **形态特征：** 体长 12 ~ 15 厘米。嘴长而下曲，眉纹灰白色或棕白色，眼先黑褐色，耳羽棕褐色，两颊棕白色而杂有褐色细纹。上体棕褐色具白色纵纹，腰部和尾上覆羽红棕色，尾黑褐色，羽端棕白色，翅黑褐色，翅上覆羽羽端棕白色，飞羽中部具 2 道淡棕色带斑。下体白色。尾为很硬且尖的楔形尾，似啄木鸟，可为其在树上爬动和觅食起支撑作用。

● **生活习性：** 留鸟。栖息于山地针叶林和针阔叶混交林、阔叶林和次生林。常单独或成对活动，繁殖期后亦常见 3 ~ 5 只的家族群。沿树干螺旋状攀缘，以寻觅树皮中的昆虫。主食昆虫、蜘蛛及其他节肢动物，冬天食物短缺时，也吃落在地面的植物种子。

● **保护状况：** 在世界自然保护联盟（IUCN）发布的《濒危物种红色名录》中被评为无危（LC）等级，列入国家林业和草原局发布的《有重要生态、科学、社会价值的陆生野生动物名录》。

黑头䴓 *Sitta villosa*

鸟纲·雀形目·䴓科·䴓属

- **别名：** 贴树皮。
- **形态特征：** 具白色眉纹和细细的黑色过眼纹。雄鸟顶冠黑色，雌鸟新羽的顶冠灰色。上体余部淡紫灰色，喉及脸侧偏白。下体余部灰黄或黄褐色。虹膜褐色。嘴近黑色。脚灰色。
- **生活习性：** 留鸟。栖息于寒温带低山至亚高山的针叶林或针阔叶混交林带。在树干及树枝上觅食。
- **保护状况：** 在世界自然保护联盟（IUCN）发布的《濒危物种红色名录》中被评为无危（LC）等级，列入国家林业和草原局发布的《有重要生态、科学、社会价值的陆生野生动物名录》。

红翅旋壁雀 *Tichodroma muraria*

鸟纲 · 雀形目 · 鸸科 · 旋壁雀属

形态特征： 尾短而嘴长，翅膀上具醒目的绯红色斑纹。飞羽黑色，外侧尾羽羽端白色显著，初级飞羽两排的白色点斑飞行时呈带状。繁殖期雄鸟脸及喉部黑色，雌鸟黑色较少。非繁殖期成鸟喉偏白色，头顶及脸颊沾褐色。虹膜深褐色。嘴和脚黑色。

生活习性： 留鸟。非树栖的高山山地鸟类。主要栖息于高山悬崖峭壁和陡坡上，也见于平原山地，除繁殖期成对出现外，多单独活动。常沿岩壁做短距离飞行，两翅扇动缓慢，飞行呈波浪式前进。沿着岩壁活动和觅食，也能在岩壁上攀缘，啄食岩壁缝隙中的昆虫。主要以甲虫、金龟子、蛾、蚊、蝗虫、蚂蚁等鞘翅目、鳞翅目、直翅目、膜翅目昆虫的成虫、幼虫为食，也吃少量蜘蛛及其他无脊椎动物。

保护状况： 在世界自然保护联盟（IUCN）发布的《濒危物种红色名录》中被评为无危（LC）等级，列入国家林业和草原局发布的《有重要生态、科学、社会价值的陆生野生动物名录》。

鹪鹩 *Troglodytes troglodytes*

鸟纲 · 雀形目 · 鹪鹩科 · 鹪鹩属

- **形态特征：** 嘴长直而较细弱，先端稍曲，无嘴须。整体棕红褐色，胸腹部颜色略浅。翅短而圆，具深色波形斑纹。尾上翘，短小而柔软。跗跖前缘具盾状鳞，趾及爪发达。

- **生活习性：** 留鸟。夏季常生活于中高山的潮湿密林和灌丛中，冬季迁至低山和平原地带，多在海拔 700 米以上的山地阴暗潮湿的密林中做巢。一般独自、成对或以家庭集小群进行活动。在灌丛中迅速移动，常从低枝逐渐跃向高枝，尾巴翘得很高。取食蜘蛛、毒蛾、螟蛾、天牛、小蠹、象甲、蜡象等昆虫。

- **保护状况：** 在世界自然保护联盟（IUCN）发布的《濒危物种红色名录》中被评为无危（LC）等级，列入国家林业和草原局发布的《有重要生态、科学、社会价值的陆生野生动物名录》。

河乌 *Cinclus cinclus*

鸟纲·雀形目·河乌科·河乌属

● **形态特征：** 羽黑褐色或咖啡褐色，体羽较短而稠密。嘴较窄而直，嘴与头几乎等长；上嘴端部微下曲或具缺刻；无嘴须，但嘴角具短的绒绢状羽。鼻孔被膜遮盖。翅褐色，短而圆，初级飞羽10枚。尾较短，褐灰色，尾羽12枚。眼圈灰白色；眼先、耳羽棕褐色。颏部、喉部、胸部白色；腹部、胁浓棕褐色沾黑褐色；尾下覆羽灰褐色；腋羽、翅下覆羽褐色，羽端灰色。跗跖长而强，前缘具靴状鳞；趾、爪均较强。

● **生活习性：** 夏候鸟。栖息于山间河流两岸的大石上或倒木上，只沿河流水面上下飞，遇河流转弯处亦不从空中取捷径飞行，能在水面浮游，也能在水底潜行。主要在水中取食，以水生昆虫及其他水生小型无脊椎动物为食。

● **保护状况：** 在世界自然保护联盟（IUCN）发布的《濒危物种红色名录》中被评为无危（LC）等级，列入国家林业和草原局发布的《有重要生态、科学、社会价值的陆生野生动物名录》。

灰头鸫 *Turdus rubrocanus*

鸟纲·雀形目·鸫科·鸫属

- **形态特征：** 体长 23 ～ 27 厘米。雄鸟头部、颈部和上胸褐灰色，背部、肩部、腰部和尾上覆羽栗棕色，两翅和尾黑色；颏部、喉部和上胸烟灰色或暗褐色，下胸、腹部和两胁栗棕色，尾下覆羽黑色并具白色羽轴纹及端斑；嘴、脚黄色。雌鸟和雄鸟相似，但羽色较淡，颏部、喉部白色且具暗色纵纹。

- **生活习性：** 夏候鸟。栖息于海拔 2000 ～ 3500 米的山地阔叶林、针阔叶混交林、杂木林、竹林和针叶林中，冬季多下到低山林缘灌丛和山脚平原等开阔地带的树丛中活动。常单独或成对活动，春秋迁徙季节亦集成数只或十多只的小群，有时亦见和其他鸫类结成松散的混合群。主要以昆虫的成虫、幼虫为食，也吃植物果实和种子。

- **保护状况：** 在世界自然保护联盟（IUCN）发布的《濒危物种红色名录》中被评为无危（LC）等级，列入国家林业和草原局发布的《有重要生态、科学、社会价值的陆生野生动物名录》。

棕背黑头鸫 *Turdus kessleri*

鸟纲·雀形目·鸫科·鸫属

- **形态特征：** 体型较大，体长约 28 厘米。雄鸟头部、颈部、喉部、胸部、翼及尾黑色，其余部位体羽栗色，仅上背皮黄白色延伸至胸带。雌鸟比雄鸟色浅，喉部近白色而具细纹。虹膜褐色。嘴黄色。脚褐色。

- **生活习性：** 夏候鸟。栖息于海拔 3600 ~ 4500 米的林线以上的杜鹃和柳树灌丛中，冬季下迁至海拔 2100 米处。冬季成群，在田野中取食。

- **保护状况：** 在世界自然保护联盟（IUCN）发布的《濒危物种红色名录》中被评为无危（LC）等级，列入国家林业和草原局发布的《有重要生态、科学、社会价值的陆生野生动物名录》。

红喉歌鸲 *Calliope calliope*

鸟纲 · 雀形目 · 鹟科 · 歌鸲属

- **别名：** 西伯利亚歌鸲。
- **形态特征：** 雄鸟头部、上体主要为橄榄褐色；眉纹白色。颏部、喉部红色，周围具黑色狭纹；胸部灰色，腹部白色。雌鸟颏部、喉部不呈赤红色，而为白色。虹膜褐色。嘴暗褐色。脚粉褐色。
- **生活习性：** 夏候鸟。鸣禽。栖息于低山丘陵和山脚平原地带的次生阔叶林和针阔叶混交林中，尤其喜欢靠近溪流等近水地方。地栖性，喜欢在地面上活动，常在平原的繁茂树丛、灌丛、芦苇丛、草丛中跳跃。主要以直翅目、半翅目、膜翅目的昆虫为食，也吃少量植物性食物。雄鸟羽色美丽，善于鸣叫，一般在晨昏及夜间鸣叫，鸣声多韵婉转而细柔，美妙动听，十分悦耳，繁殖期鸣声更悦耳。善仿蟋蟀、油葫芦、金蛉子等昆虫的鸣叫。
- **保护状况：** 在世界自然保护联盟（IUCN）发布的《濒危物种红色名录》中被评为无危（LC）等级，在我国《国家重点保护野生动物名录》中的保护级别为二级。

红胁蓝尾鸲 *Tarsiger cyanurus*

鸟纲·雀形目·鹟科·鸲属

- **形态特征：** 喉部白色。橘黄色两胁与白色腹部及臀部形成对比。雄鸟上体蓝色，眉纹白色。尾蓝色。前额、眼先、眼周淡棕色或棕白色，其余头侧橄榄褐色，耳羽杂有棕白色羽缘。亚成鸟及雌鸟上体褐色。雌鸟下体和雄鸟相似，但胸部沾橄榄褐色，胸侧无灰蓝色。虹膜褐色或暗褐色。嘴黑色。脚淡红褐色或淡紫褐色。

- **生活习性：** 夏候鸟。鸣禽。繁殖期主要栖息于海拔 1000 米以上的山地针叶林、针阔叶混交林、岳桦林和山上部林缘疏林灌丛地带。迁徙季节和冬季亦见于低山丘陵和山脚平原地带的次生林、林缘疏林、道旁和溪边疏林灌丛中。常单独或成对活动，主要为地栖性，多在林下奔跑或在灌木低枝间跳跃。性甚隐匿，除繁殖期雄鸟站在枝头鸣叫外，一般多在林下灌丛间活动和觅食。停歇时常上下摆尾。繁殖期主要以甲虫、天牛、蚂蚁及鳞翅目等昆虫的成虫、幼虫为食，迁徙期间除吃昆虫外也吃少量植物果实与种子等植物性食物。

- **保护状况：** 在世界自然保护联盟（IUCN）发布的《濒危物种红色名录》中被评为无危（LC）等级，列入国家林业和草原局发布的《有重要生态、科学、社会价值的陆生野生动物名录》。

白喉红尾鸲 *Phoenicurus schisticeps*

鸟纲·雀形目·鹟科·红尾鸲属

- **形态特征：** 体长 14～16 厘米。雄鸟额至枕部钴蓝色，头侧、背部、两翅和尾黑色，翅上具 1 个大白斑，腰部和尾上覆羽栗棕色；颏部、喉部黑色，下喉中央具 1 块白斑，在四周黑色衬托下极为醒目，其余下体栗棕色，腹部中央灰白色。雌鸟上体橄榄褐色沾棕色，腰部和尾上覆羽栗棕色，翅暗褐色且具白斑，尾棕褐色；下体褐灰色沾棕色，喉部亦具白斑。特征均很明显，野外不难识别。

- **生活习性：** 夏候鸟。栖息于高山森林和高原灌丛。繁殖期主要栖息于海拔 2000～4000 米的高山针叶林及林线以上的疏林灌丛和沟谷灌丛中，冬季常下到中低山和山脚地带活动。常单独或成对活动在林缘与溪流沿岸灌丛中。性活泼，频繁地在灌丛间跳跃或飞上飞下。主要以金龟子及鞘翅目、鳞翅目等昆虫的成虫、幼虫为食，也吃植物果实和种子。

- **保护状况：** 在世界自然保护联盟（IUCN）发布的《濒危物种红色名录》中被评为无危（LC）等级，列入国家林业和草原局发布的《有重要生态、科学、社会价值的陆生野生动物名录》。

蓝额红尾鸲 *Phoenicurus frontalis*

鸟纲 · 雀形目 · 鹟科 · 红尾鸲属

● **形态特征：** 小型鸟类，体长 14～16 厘米。雄鸟夏羽前额及一短眉纹辉蓝色，头顶、头侧、后颈、颈侧、背部、肩部、两翅小覆羽和中覆羽以及颏部、喉部和上胸为黑色且具蓝色金属光泽；腰部、尾上覆羽及下体余部橙棕色或棕色，两翅飞羽和大覆羽暗褐色，羽缘淡褐色，中央尾羽黑色，外侧尾羽橙棕色或棕色具宽阔的黑色端斑；冬羽和夏羽大致相似，但头顶至背等黑色区域各羽均具棕色羽端，两翅覆羽和飞羽亦具宽阔的棕色羽缘。雌鸟头顶至背部棕褐色或暗棕褐色，腰部和尾上覆羽栗棕色或棕色，中央尾羽黑褐色，外侧尾羽栗棕色具黑褐色端斑；眼圈棕白色；两翅褐色且具棕黄色羽缘；头侧、颈侧、颏部、喉部、胸部淡棕褐色，腹部至尾下覆羽橙棕色。

● **生活习性：** 留鸟。常单独或成对活动于海拔 2000～4200 米的亚高山针叶林和高山灌丛草甸的溪谷、林缘灌丛地带，不断在灌木间跳跃或飞翔。停息时尾不断上下摆动。主要以甲虫、蝗虫、蚂蚁及鳞翅目幼虫等昆虫为食，也吃少量植物果实与种子。

● **保护状况：** 在世界自然保护联盟（IUCN）发布的《濒危物种红色名录》中被评为无危（LC）等级，列入国家林业和草原局发布的《有重要生态、科学、社会价值的陆生野生动物名录》。

赭红尾鸲 *Phoenicurus ochruros*

鸟纲 · 雀形目 · 鹟科 · 红尾鸲属

- **形态特征：** 雄鸟前额、头侧、颈侧、颏部至胸部均黑色，头顶和背部灰色或黑色，腰部、尾上覆羽、尾下覆羽、外侧尾羽和腹部栗棕色，中央尾羽褐色，两翅黑褐色；下体颏部、喉部、胸部黑色，腹部至尾下覆羽等其余下体栗棕色。雌鸟上体和两翅淡褐色，尾上覆羽和外侧尾羽淡棕色，中央尾羽褐色；下体浅棕褐色。

- **生活习性：** 夏候鸟。栖息于海拔2500～4500米的高山针叶林和林线以上的高山灌丛草地，也栖息于高原草地、河谷、灌丛及有稀疏灌木生长的岩石草坡、荒漠和农田与村庄附近的小块林内。除繁殖期成对外，平时多单独活动。常在林下岩石、灌丛和溪谷以及悬崖灌丛、林缘灌丛中活动和觅食。主要以甲虫、蚂蚁等鞘翅目、鳞翅目、膜翅目昆虫为食。

- **保护状况：** 在世界自然保护联盟（IUCN）发布的《濒危物种红色名录》中被评为无危（LC）等级，列入国家林业和草原局发布的《有重要生态、科学、社会价值的陆生野生动物名录》。

北红尾鸲 *Phoenicurus auroreus*

鸟纲 · 雀形目 · 鹟科 · 红尾鸲属

● **形态特征：** 体长 13 ～ 15 厘米。雄鸟头顶至上背灰色，下背和两翅黑色且具明显的白色翅斑，腰部、尾上覆羽和尾橙棕色，中央一对尾羽和最外侧一对尾羽黑色；前额基部、头侧、颈侧、颏部、喉部和上胸均为黑色，其余下体橙棕色。雌鸟上体橄榄褐色，两翅黑褐色且具白斑，眼圈微白，下体暗黄褐色。

● **生活习性：** 夏候鸟。栖息于山地、森林、河谷、林缘和居民点附近的灌丛与低矮树丛中。常单独或成对活动。行动敏捷，频繁地在地面和灌丛间跳来跳去啄食虫子，偶尔也在空中飞翔捕食。主要以昆虫为食，多以鞘翅目、鳞翅目、直翅目、半翅目、双翅目、膜翅目等昆虫的成虫、幼虫为食。

● **保护状况：** 在世界自然保护联盟（IUCN）发布的《濒危物种红色名录》中被评为无危（LC）等级，列入国家林业和草原局发布的《有重要生态、科学、社会价值的陆生野生动物名录》。

白顶溪鸲 *Phoenicurus leucocephalus*

鸟纲·雀形目·鹟科·红尾鸲属

● **形态特征：** 体长约 19 厘米。黑色及栗色。头顶至枕部白色；前额、眼先、眼上、头侧至背部深黑色而具辉亮；腰部、尾上覆羽及尾羽等均深栗红色，尾羽还具宽黑色端斑；飞羽黑色；颏部至胸部深黑色并具辉亮；腹部至尾下覆羽深栗红色。虹膜暗褐色。嘴、跗跖、趾及爪均黑色。

● **生活习性：** 夏候鸟。常栖于山区河谷、山间溪流边岩石上、河川岸边、河中露出水面的巨大岩石间。在岩石上活动或站立时，尾部竖举，散开呈扇形，并上下不停地弹动。具垂直迁徙习性，夏季栖息于海拔较高的山地，秋冬季下到海拔较低地带，栖息在海拔1800～4800 米。常立于水中或近水的突出岩石上，降落时不停地点头且具黑色羽梢的尾不停抽动。求偶时作奇特的摆晃头部状以示炫耀。以昆虫为主要食物。

● **保护状况：** 在世界自然保护联盟(IUCN)发布的《濒危物种红色名录》中被评为无危(LC)等级，列入国家林业和草原局发布的《有重要生态、科学、社会价值的陆生野生动物名录》。

白顶䳭 *Oenanthe pleschanka*

鸟纲·雀形目·鹟科·䳭属

- **形态特征：** 体长 14 ～ 17 厘米。雄鸟头顶至后颈白色，头侧、背部、两翅、颏部和喉部黑色，其余体羽白色，中央一对尾羽黑色且基部白色，外侧尾羽白色且具黑色端斑。雌鸟上体土褐色，腰部和尾上覆羽白色，尾部白色且具黑色端斑，颏部、喉部褐色或黑色，其余下体皮黄色。特征明显，野外容易识别。

- **生活习性：** 夏候鸟。栖息于干旱荒漠、半荒漠、荒山、沟谷、林缘灌丛和岩石、荒坡等各类生境中。常单独或成对活动。地栖性，多在地面奔跑觅食，也常栖息于岩石或灌丛上，发现食物后再突然飞去捕食。主要以甲虫、蝗虫、蝽象、蚂蚁及鳞翅目幼虫等昆虫的成虫、幼虫为食，也吃少量植物果实和种子。

- **保护状况：** 在世界自然保护联盟（IUCN）发布的《濒危物种红色名录》中被评为无危（LC）等级，列入国家林业和草原局发布的《有重要生态、科学、社会价值的陆生野生动物名录》，列入《保护野生动物迁徙物种公约》（CMS）附录Ⅱ、《伯尔尼公约》附录Ⅱ、《欧盟野鸟保护指令》附件Ⅰ。

锈胸蓝姬鹟 *Ficedula sordida*

鸟纲·雀形目·鹟科·姬鹟属

- **别名：** 青石蓝色鹟。
- **形态特征：** 体长 11～13 厘米。雄鸟整个上体包括两翅覆羽暗灰蓝色或石板蓝色，头部及眼周较暗，眼先和颊绒黑色，耳羽蓝黑色；飞羽黑褐色，羽缘较多呈橄榄棕色；尾上覆羽近黑色，尾黑色且具窄的蓝色羽缘，除中央 1 对尾羽外，其余外侧尾羽基部白色；颏部、喉部、胸部和两胁亮橙棕色或橙栗色，腹部至尾羽色渐淡，多为淡棕色或皮黄白色。雌鸟上体橄榄褐色，头顶较暗，尾上覆羽沾棕色，两翅和尾暗褐色，翅上大覆羽具棕白色端斑，眼先和眼周污黄白色；下体颏部、喉部、胸部浅褐色，腹部和尾下覆羽白色。

- **生活习性：** 夏候鸟。栖息于山地常绿阔叶林、针阔叶混交林和针叶林中，也栖息于竹林、林缘疏林和杜鹃灌丛中。常单独或成对活动，偶尔也见成小群。多在林下灌丛和竹丛间活动和觅食，繁殖期常站在树顶端枝头或枯枝上长时间鸣叫，鸣声尖细而婉转。主要以鞘翅目、鳞翅目、直翅目、膜翅目等昆虫的成虫、幼虫为食。
- **保护状况：** 在世界自然保护联盟（IUCN）发布的《濒危物种红色名录》中被评为无危（LC）等级，列入国家林业和草原局发布的《有重要生态、科学、社会价值的陆生野生动物名录》。

戴菊 *Regulus regulus*

鸟纲·雀形目·戴菊科·戴菊属

● **形态特征：** 体长 9 ～ 10 厘米。上体橄榄绿色，前额基部灰白色，额灰黑色或橄榄灰绿色；头顶中央具 1 个柠檬橙黄色斑，两侧具明显的黑色侧冠纹；眼周灰白色；腰部和尾上覆羽黄绿色，两翅和尾黑褐色，尾外翈羽缘橄榄黄绿色，初级和次级飞羽羽缘淡黄绿色，三级飞羽尖端白色，翅上具 2 道淡黄白色翅斑。下体污白色，羽端沾黄色，两胁沾橄榄灰色。

● **生活习性：** 留鸟。栖息于海拔 800 米以上的针叶林和针阔叶混交林中，常独栖于针叶林的林冠下层。除繁殖期单独或成对活动外，其他时间多成群。性活泼好动，行动敏捷，白天几乎不停地在活动，常在针叶树枝间跳来跳去。主要以各种昆虫为食，以鞘翅目昆虫的成虫、幼虫为主，也吃蜘蛛及其他小型无脊椎动物，冬季也吃少量植物种子。

● **保护状况：** 在世界自然保护联盟（IUCN）发布的《濒危物种红色名录》中被评为无危（LC）等级，列入国家林业和草原局发布的《有重要生态、科学、社会价值的陆生野生动物名录》。

领岩鹨 *Prunella collaris*

鸟纲 · 雀形目 · 岩鹨科 · 岩鹨属

● **形态特征：** 体长约 18 厘米，外形似麻雀但稍大。嘴细尖，嘴基较宽，嘴的中间部位具一明显的紧缩，这是该种的特异之处。头部灰褐色，腰部栗色；尾羽黑褐色，具较淡的淡黄褐色边缘；中央尾羽具很宽的栗色端缘，外侧尾羽末端具白色缘斑。颏部和喉部灰白色，羽毛近端处具 V 形灰色和黑色相间的横斑。上腹及两胁栗色，各羽具较宽的白色边缘。下腹淡黄褐色，各羽具暗色横斑。尾下覆羽基部灰色，次端黑栗色，末端白色。跗跖前缘具盾状鳞。

● **生活习性：** 留鸟。栖息于 2200～3100 米的高山针叶林带及多岩地带或灌丛中，常在岩石附近及灌丛中寻食。除繁殖期成对或单独活动外，其他季节多呈家族群或小群活动。主要以甲虫、蚂蚁等昆虫为食，也吃蜗牛等小型无脊椎动物和果实、种子、草籽等植物性食物。

● **保护状况：** 在世界自然保护联盟（IUCN）发布的《濒危物种红色名录》中被评为无危（LC）等级，列入国家林业和草原局发布的《有重要生态、科学、社会价值的陆生野生动物名录》。

棕胸岩鹨 *Prunella strophiata*

鸟纲·雀形目·岩鹨科·岩鹨属

●**形态特征：**体长 13 ~ 15 厘米。上体棕褐色，具宽阔的黑色纵纹；眉纹前段白色、较窄，后段棕红色、较宽阔。颈侧灰色，具黑色轴纹。眼先、颊部、耳羽黑褐色，颏部、喉部白色，具黑褐色圆形斑点。胸部棕红色，带状，胸部以下白色具黑色纵纹。虹膜褐色。嘴黑褐色，基部黄色。脚肉色或红褐色，爪黑色。

●**生活习性：**留鸟。常在高山矮林、溪谷、溪边灌丛、高山草甸、岩石荒坡、草地面活动和觅食。除繁殖期成对或单独活动外，其他季节多成家族群或小群活动。主要以豆科、莎草科、禾本科、茜草科和伞花科等植物的种子为食，繁殖期也捕食大量昆虫。

●**保护状况：**在世界自然保护联盟（IUCN）发布的《濒危物种红色名录》中被评为无危（LC）等级，列入国家林业和草原局发布的《有重要生态、科学、社会价值的陆生野生动物名录》。

麻雀 *Passer montanus*

鸟纲·雀形目·雀科·麻雀属

- **形态特征：** 额部、头顶至后颈栗褐色，头侧白色，耳部具 1 个黑斑且在白色的头侧极为醒目。背部沙褐色或棕褐色且具黑色纵纹。颏部、喉部黑色，其余下体污灰白色，微沾褐色。

- **生活习性：** 留鸟。栖息于人类居住地，无论山地、平原、丘陵、草原、沼泽、农田，还是城镇和乡村，在有人类集居的地方多有分布。生活环境很杂，一般在房舍及其周围地区，尤其喜欢在房檐、屋顶以及房前屋后的小树和灌丛上活动和觅食。食性较杂，主要以谷粒、草籽、种子、果实等植物性食物为食，繁殖期也吃大量昆虫。

- **保护状况：** 在世界自然保护联盟（IUCN）发布的《濒危物种红色名录》中被评为无危（LC）等级，列入国家林业和草原局发布的《有重要生态、科学、社会价值的陆生野生动物名录》。

石雀 *Petronia petronia*

鸟纲·雀形目·雀科·石雀属

● **形态特征：** 体长 14 厘米左右。雌雄鸟羽色相似，前额和头顶两侧暗褐色，头顶中央至枕部淡皮黄褐色或灰褐色，形成 1 条宽中央淡色带；眉纹皮黄白色，长而显著，贯眼纹暗色；后颈淡褐色，背部、肩部、腰部及尾上覆羽褐色或淡灰褐色，中央尾羽褐色；翅膀暗褐色，初级飞羽基部和中部各具 1 个白斑形成两色横斑；颊部和耳覆羽褐色，胸侧和两胁具暗褐色或暗赭褐色纵纹，喉部具 1 个黄色斑。嘴短强，呈圆锥状，上嘴褐色，下嘴黄褐色。脚淡黄褐色。

● **生活习性：** 留鸟。栖息于不毛之地的山区，多在裸露的岩石上、峡谷中、碎石坡地等处活动。主要食物是草和草籽，也吃谷物、浆果和昆虫。

● **保护状况：** 在世界自然保护联盟（IUCN）发布的《濒危物种红色名录》中被评为无危（LC）等级，列入国家林业和草原局发布的《有重要生态、科学、社会价值的陆生野生动物名录》。

白鹡鸰 *Motacilla alba*

鸟纲·雀形目·鹡鸰科·鹡鸰属

- **形态特征：** 体羽为黑白色，额和脸白色，头顶后部、枕部和后颈黑色。背部、肩部黑色或灰色，飞羽黑色。翅上小覆羽灰色或黑色，中覆羽、大覆羽白色或尖端白色，在翅上形成明显的白色翅斑。尾长而窄，尾羽黑色，最外侧两对尾羽主要为白色。颏部、喉部白色或黑色，胸部黑色，其余下体白色。虹膜黑褐色。嘴和跗跖黑色。

- **生活习性：** 夏候鸟。栖息于村落、河流、小溪、水塘等附近，常成对活动或结小群活动。觅食时在地面行走，或在空中捕食昆虫。飞行时呈波浪式前进，停息时尾部不停地上下摆动。以昆虫为食。

- **保护状况：** 在世界自然保护联盟（IUCN）发布的《濒危物种红色名录》中被评为无危（LC）等级，列入国家林业和草原局发布的《有重要生态、科学、社会价值的陆生野生动物名录》。

田鹨 *Anthus richardi*

鸟纲·雀形目·鹡鸰科·鹨属

● **形态特征：** 体长 15 ～ 19 厘米。上体多为黄褐色，头顶和背部具暗褐色纵纹，眼先和眉纹皮黄白色。下体白色或皮黄白色，喉两侧具 1 条暗褐色纵纹，胸具暗褐色纵纹。尾部黑褐色，最外侧一对尾羽白色。脚和后爪甚长，腿细长，后趾具长爪，适于在地面行走。

● **生活习性：** 夏候鸟。小型鸣禽。主要栖息于开阔平原、草地、河滩、林缘灌丛、林间空地以及农田和沼泽地带。喜在针叶林、阔叶林、杂木林或附近的草地生活。常单独或成对活动，也好集群活动，迁徙季节亦成群，有时和云雀混杂在一起在地面觅食。多栖于地面或小灌木上。飞行呈波浪式，多贴地面飞行。在地面站立时多呈垂直姿势，行走迅速，且尾不停地面下摆动。野外停栖时，尾常有规律地面下摆动。主要以鞘翅目甲虫、直翅目蝗虫、膜翅目蚂蚁以及鳞翅目的成虫、幼虫等为食。

● **保护状况：** 在世界自然保护联盟（IUCN）发布的《濒危物种红色名录》中被评为无危（LC）等级，列入国家林业和草原局发布的《有重要生态、科学、社会价值的陆生野生动物名录》。

树鹨 *Anthus hodgsoni*

鸟纲·雀形目·鹡鸰科·鹨属

● **形态特征：** 体长 15 ～ 16 厘米。上体橄榄绿色且具褐色纵纹，头部较明
显。眉纹自嘴基起棕黄色，后转为乳白色，具 1 条窄的黑褐色贯眼
纹。下背、腰部至尾上覆羽几乎纯橄榄绿色，纵纹极不明显。两翅
黑褐色，具橄榄黄绿色羽缘，覆羽具白棕色端斑。尾羽黑褐色，具
橄榄绿色羽缘，最外侧一对尾羽具大型楔状白斑。颏部、喉部棕白
色，喉侧具黑褐色颧纹，胸部棕白色且具黑色粗纵纹，下体灰白色。

● **生活习性：** 夏候鸟。小型鸣禽。栖息于海拔 1000 米以上的阔叶林、
针阔叶混交林和针叶林等山地森林中。常成对或成 3 ～ 5 只的小
群活动，迁徙期间亦集成较
大的群。多在地面奔跑觅食。
野外停栖时，尾常上下摆动。
主要以昆虫及其幼虫为食，
冬季兼吃杂草种子等植物性
食物。

● **保护状况：** 在世界自然保护联盟
（IUCN）发布的《濒危物种红
色名录》中被评为无危（LC）
等级，列入国家林业和草原局
发布的《有重要生态、科学、
社会价值的陆生野生动物名
录》。

粉红胸鹨 *Anthus roseatus*

鸟纲·雀形目·鹡鸰科·鹨属

形态特征： 体长 13～18 厘米。繁殖期下体粉红色，几乎没有纵纹，眉纹白色沾粉红色。非繁殖期眉纹皮黄色，背部灰色而具黑色粗纵纹，胸部及两胁具浓密的黑色点斑或纵纹。上体橄榄灰色或绿褐色；头顶和背部具明显的黑褐色纵纹，头部纵纹较细窄，背部纵纹较宽粗，腰和尾上覆羽无纵纹，纯橄榄灰色。肩羽具褐白色狭缘，最外侧一对尾羽端部具较大的楔状白斑；两翼暗褐色，翅上具 2 道灰白色翼斑；胸部和两胁具深色纵纹，腋羽柠檬黄色。

生活习性： 夏候鸟。小型鸣禽。常见于高山草甸及多草的高原，主要栖息于山地、林缘、灌丛、草原、河谷地带。多成对或十余只小群生活。性活跃，不停地在地面或灌丛中觅食。食物主要为鞘翅目、膜翅目昆虫及鳞翅目幼虫，兼食一些植物种子。

保护状况： 在世界自然保护联盟（IUCN）发布的《濒危物种红色名录》中被评为无危（LC）等级，列入国家林业和草原局发布的《有重要生态、科学、社会价值的陆生野生动物名录》。

白斑翅拟蜡嘴雀 *Mycerobas carnipes*

鸟纲·雀形目·燕雀科·拟蜡嘴属

● **形态特征：** 体长 20 ～ 22 厘米。嘴特别粗大，铅蓝色。雌雄异形，雄鸟上体自头至尾及颏部、喉部等均黑色，黑色翅上具 1 个明显的白斑；下体除颏部、喉部是黑色外均呈深黄色。雌鸟上体黑褐色，带黄色沾绿色；下体鲜黄色，具黑色纵纹。

● **生活习性：** 夏候鸟。栖息于高山灌丛、草地甚至冻荒地带，也见于松杉林、针阔叶混交林、落叶乔木林中。食物主要为植物性，如松树和柏树的种子、野生果实和浆果等。

● **保护状况：** 在世界自然保护联盟（IUCN）发布的《濒危物种红色名录》中被评为无危（LC）等级，列入国家林业和草原局发布的《有重要生态、科学、社会价值的陆生野生动物名录》。

普通朱雀 *Carpodacus erythrinus*

鸟纲·雀形目·燕雀科·朱雀属

● **形态特征：** 体长 13 ～ 16 厘米。雄鸟头顶部、腰部、喉部、胸部红色或洋红色，背部、肩部褐色或橄榄褐色，羽缘沾红色，两翅和尾黑褐色且羽缘沾红色。雌鸟上体灰褐色或橄榄褐色，具暗色纵纹，下体白色或皮黄白色，亦具黑褐色纵纹。

● **生活习性：** 留鸟。栖息于山区的针叶林和针阔叶混交林及其林缘地带。常单独或成对活动，非繁殖期则多成几只至十余只的小群活动和觅食。以果实、种子、花序、芽苞、嫩叶等植物性食物为食，繁殖期也吃部分昆虫。

● **保护状况：** 在世界自然保护联盟（IUCN）发布的《濒危物种红色名录》中被评为无危（LC）等级，列入国家林业和草原局发布的《有重要生态、科学、社会价值的陆生野生动物名录》。

白眉朱雀 *Carpodacus dubius*

鸟纲·雀形目·燕雀科·朱雀属

- **形态特征：** 雄鸟额基、眼先深红色，前额具 1 条长而宽的眉纹珠白色沾有粉红色并具丝绢光泽，在暗色的头部极为明显；头顶至背部棕褐色或红褐色，具黑褐色羽干纹，腰部紫粉红色或玫瑰红色；头侧、颊部和下体玫瑰红色或紫粉红色，喉部和上胸具细的珠白色纹，腹部中央白色。雌鸟前额白色杂有黑色，头顶至背部橄榄褐色或棕褐色，具宽的黑褐色纵纹，眉纹皮黄白色；腰和尾上覆羽棕黄色，两翅和尾黑褐色，下体皮黄白色密被黑褐色羽干纹。虹膜暗褐色。嘴褐色。脚橄榄褐色。

- **生活习性：** 留鸟。栖息于海拔 2000～4500 米的高山灌丛、草地和生长有稀疏植物的岩石荒坡。繁殖期单独或成对活动，非繁殖期则多成小群。在地面活动和觅食，休息时也常停息在小灌木顶端。以草籽、果实、种子、嫩芽、嫩叶等植物性食物为食。

- **保护状况：** 在世界自然保护联盟（IUCN）发布的《濒危物种红色名录》中被评为无危（LC）等级，列入国家林业和草原局发布的《有重要生态、科学、社会价值的陆生野生动物名录》。

金翅雀 *Chloris sinica*

鸟纲 · 雀形目 · 燕雀科 · 金翅雀属

- **形态特征：** 体长 12 ～ 14 厘米。嘴细直而尖，基部粗厚。头顶暗灰色。背部栗褐色，具暗色羽干纹。腰部金黄色，尾下覆羽和尾基金黄色，翅上翅下均具 1 块大的金黄色块斑且无论站立时还是飞翔时都醒目。

- **生活习性：** 夏候鸟。栖息于海拔 1500 米以下的低山、丘陵、山脚和平原等开阔地带的疏林中，尤其喜欢林缘疏林和生长有零星大树的山脚平原。常单独或成对活动，秋冬季节也成群，有时集群多达数十只甚至上百只。主要以植物果实、种子、草籽和农作物谷粒等为食。

- **保护状况：** 在世界自然保护联盟（IUCN）发布的《濒危物种红色名录》中被评为无危（LC）等级，列入国家林业和草原局发布的《有重要生态、科学、社会价值的陆生野生动物名录》。

黄嘴朱顶雀 *Linaria flavirostris*

鸟纲 · 雀形目 · 燕雀科 · 金翅雀属

● **形态特征：** 体形小。褐色，具纵纹。腰部粉红色或近白，虽名为"朱顶雀"但头顶无红色点斑，体羽色深而多褐色；尾较长，黑褐色，具白色羽缘；下体具暗色斑纹。雌鸟似雄鸟但腰部暗，初级飞羽少白色边缘。虹膜深褐色。嘴黄色。脚近黑色。

● **生活习性：** 留鸟。常见于高海拔地区，平时生活在开阔地区、稀草的岩壁和石缝或石砾的农田、牧场中，有时也到城镇郊区。性喜群居，由 20 ～ 30 只组成，有的大群可达 50 多只。成鸟喜在灌丛中和杂草丛中活动。草食性，食物以草籽、花蕊及其他植物种子为主，少量为鞘翅目昆虫。

● **保护状况：** 在世界自然保护联盟（IUCN）发布的《濒危物种红色名录》中被评为无危（LC）等级，列入国家林业和草原局发布的《有重要生态、科学、社会价值的陆生野生动物名录》。

红交嘴雀 *Loxia curvirostra*

鸟纲·雀形目·燕雀科·交嘴雀属

● **形态特征：** 雄鸟通体砖红色，上体较暗，腰部鲜红色；翼和尾近黑色，头侧暗褐色。雌鸟暗橄榄绿色或染灰色，腰部较淡或鲜绿色；尾黑色，尾羽末端成凹形。雌雄鸟均具粗大而尖端相交叉的嘴，嘴近黑色。虹膜深褐色。脚近黑色。

● **生活习性：** 夏候鸟。小型鸣禽。栖息于山地针叶林和以针林为主的针阔叶混交林。主要以落叶松、云杉、圆柏等针叶树种子为食，也吃其他乔木和灌木的种子、果实、草籽及昆虫。

● **保护状况：** 在世界自然保护联盟（IUCN）发布的《濒危物种红色名录》中被评为无危（LC）等级，在我国《国家重点保护野生动物名录》中的保护级别为二级。

白头鹀 *Emberiza leucocephalos*

鸟纲 · 雀形目 · 鹀科 · 鹀属

● **形态特征：** 体羽似麻雀，但具独特的头部图纹和小型羽冠。雄鸟具白色顶冠纹和紧贴其两侧的黑色侧冠纹，耳羽中间白色而环边缘黑色，头余部及喉部栗色且与白色的胸带成对比。雌鸟与雄鸟相似，但头部无白色。虹膜暗褐色。嘴褐色，下嘴较淡，上嘴中线褐色。脚粉褐色。

● **生活习性：** 夏候鸟。小型鸣禽。栖息于低山和山脚平原等开阔地区。繁殖期常单独或成对活动，非繁殖期多成数十只的小群，多者达30余只。活动于有稀疏林木的田间地头、林缘灌丛与草丛中。以植物性食物为主，繁殖期以昆虫及其幼虫喂雏鸟。

● **保护状况：** 在世界自然保护联盟（IUCN）发布的《濒危物种红色名录》中被评为无危（LC）等级，列入国家林业和草原局发布的《有重要生态、科学、社会价值的陆生野生动物名录》。

灰眉岩鹀 *Emberiza godlewskii*

鸟纲·雀形目·鹀科·鹀属

- **形态特征：** 头部、枕部、头侧、喉部和上胸蓝灰色，颊部、耳覆羽亦蓝灰色，头顶两侧从额基开始各具 1 条宽栗色带，其下具 1 条蓝灰色眉纹，贯眼纹在眼前段为黑色，经过眼后变为栗色，颧纹黑色。背部红褐色或栗色，具黑色中央纹，腰部和尾上覆羽栗色，下胸、腹部等下体红棕色或粉红栗色。

- **生活习性：** 留鸟。小型鸣禽。栖息于裸露的低山丘陵、高山和高原等开阔地带的岩石荒坡、草地、灌丛中。常成对或单独活动，非繁殖期成 5 ～ 8 只或 10 多只的小群，有时亦集成 40 ～ 50 只的大群。主要以草籽、果实、种子和农作物等植物性食物为食，也吃昆虫及其幼虫。

- **保护状况：** 在世界自然保护联盟（IUCN）发布的《濒危物种红色名录》中被评为无危（LC）等级，列入国家林业和草原局发布的《有重要生态、科学、社会价值的陆生野生动物名录》。

三道眉草鹀 *Emberiza cioides*

鸟纲·雀形目·鹀科·鹀属

● **形态特征：** 具醒目的黑白色头部图纹和栗色胸带。雄鸟额黑褐色和灰
白色混杂；头顶及枕部深栗红色，羽缘淡黄色；眼先及下部各具 1
条黑纹；耳羽深栗色；眉纹白色，自嘴基伸至颈侧；上体余部栗红
色，下体和尾上覆羽均纯色；中央 1 对尾羽栗红色且具黑褐色羽干
纹，其余尾羽黑褐色；颏部及喉部淡灰色；上胸栗红色，具显明横
带；两胁栗红色至栗黄色。雌鸟色较淡，眉纹及下颊纹均黄色，胸
部深黄色。

● **生活习性：** 留鸟。喜欢在开阔环境中活动，见于丘陵地带和半山区的
稀疏阔叶林地、山麓平原或山沟的灌丛和草丛中以及远离村庄的树
丛和农田。冬季常成群活动，由数十只结集在一起；繁殖期则分散
成对活动。冬春季以野生草种为食，夏季以昆虫为食。

● **保护状况：** 在世界自然保护联盟（IUCN）发布的《濒危物种红色名录》
中被评为无危（LC）等级，列入国家林业和草原局发布的《有重
要生态、科学、社会价值的陆生野生动物名录》。

喜马拉雅旱獭 *Marmota himalayana*

哺乳纲·啮齿目·松鼠科·旱獭属

● **别名：** 哈拉、雪猪。

● **形态特征：** 身体肥胖，棕黄褐色，具分散的黑色斑纹。头部又短又宽，耳郭短而小，颈部短粗。尾巴短小且末端略扁。

● **生活习性：** 穴居、群居动物，洞巢成家族型，是青藏高原草甸草原上广泛栖息的动物，山麓平原和山地阳坡下缘是数量集聚的高密度地区。主要以采食草本植物来维持基本的生存，较少取食洞口附近的草。

● **保护状况：** 在世界自然保护联盟（IUCN）发布的《濒危物种红色名录》中被评为无危（LC）等级，列入《濒危野生动植物种国际贸易公约》（CITES）附录Ⅲ。

高原鼠兔 *Ochotona curzoniae*

哺乳纲 · 兔形目 · 鼠兔科 · 鼠兔属

● **形态特征：** 小型非冬眠的哺乳动物。吻部、鼻均黑色，耳背面黑棕色，耳郭边缘色淡。从头脸部经颈部、背部至尾基部沙黄色或黄褐色，向两侧至腹面毛色变浅。腹面污白色，毛尖染淡黄色。前后足的指（趾）垫常隐于毛下，爪较发达。无明显的外尾。

● **生活习性：** 栖居于海拔 3100～5100 米的高寒草甸、高寒草原，喜欢选择滩地、河岸、山麓缓坡等植被低矮的开阔环境。终生营家族式生活，穴居，多在草地面挖密集的洞群。植食性，以各种牧草为食，主要取食禾本科、莎草科和豆科植物。

狍 *Capreolus pygargus*

哺乳纲·鲸偶蹄目·鹿科·狍属

● **形态特征：** 体形小而壮实，背部平，颈部直。雄性的角短，具4个直立的角叉。吻棕色。鼻端黑色，颏部白色，与黑色的鼻形成对比。两颊和耳基部黄棕色，耳背灰棕色，耳内淡黄色而近于白色，耳尖黑色。额部、颈部和体背部均呈暗棕色而稍带棕黄色，下颌淡黄色，喉部灰棕色，腹部淡黄色。四肢外侧沙黄色，内侧色较淡。尾极短，淡黄色。臀部具明显的白色块斑。

● **生活习性：** 栖息于密林中，通常独居，有时数头一起采食。害羞且不爱交际，主要在晨昏和夜间活动，夜间到开旷草场和农地觅食，纯植食性，采食各种草或树叶、嫩枝、果实、谷物等。

● **保护状况：** 在世界自然保护联盟（IUCN）发布的《濒危物种红色名录》中被评为无危（LC）等级，列入国家林业和草原局发布的《有重要生态、科学、社会价值的陆生野生动物名录》。

植物篇

祁连山国家级自然保护区
天祝毛毛山

常见植物

99

种

青海云杉 *Picea crassifolia*

松科 · 云杉属

- **形态特征：** 乔木。一年生嫩枝淡黄绿色，常被白粉；老枝淡褐色。叶四棱柱状条形，较粗，近辐射状伸展，小枝上部的叶直上伸展，下部及两侧的叶向上弯伸；叶顶端钝，或具钝尖头，横切面四角形，四面均具气孔线，腹面每边 5～7 条，背面每边 4～6 条。球果圆柱形或矩圆状圆柱形，熟前种鳞背部露出部分绿色，上部边缘紫红色；中部种鳞倒卵形，先端圆，边缘全缘或微呈波状；苞鳞短小，三角状匙形。种子斜倒卵球形。

- **生境：** 常在山谷与阴坡形成纯林。

- **分布：** 夏玛自然保护站常见分布。

祁连圆柏 *Juniperus przewalskii*

柏科·刺柏属

●形态特征： 乔木，稀灌木状。树皮灰色或灰褐色，裂成条片脱落；小枝方圆形或四棱柱形。叶分为刺叶与鳞叶，幼树之叶通常全为刺叶，壮龄树上兼有刺叶与鳞叶，大树或老树上则几乎全为鳞叶；鳞叶交互对生；刺叶3枚交互轮生，多少开展，三角锥状披针形，腹面凹，具白粉带且中脉隆起，背面拱圆或上部具钝脊，先端成角质锐尖。雌雄同株；雄球花卵球形，长约2.5毫米，小孢子叶5对，每小孢子叶具花粉囊3个。球果卵球形或近球形，熟前绿色，微具白粉，熟后蓝褐色、蓝黑色或黑色，微具光泽，具1粒种子。

●生境： 在阳坡形成纯林。

●分布： 毛毛山山脚阳坡有分布。

单子麻黄 *Ephedra monosperma*

麻黄科·麻黄属

● 形态特征：草本状矮小灌木。木质茎短小，多分枝；绿色小枝常微弯，通常开展，节间细短。叶片 2 裂，1/2 以下合生，裂片短三角形，先端钝或尖。雄球花生于小枝各部，单生于枝顶或对生于节上，多成复穗状，具苞片 3～4 对；雌球花单生或对生于节上，无梗，具 3 对基部合生的苞片；雌花 1～2 朵，胚珠的珠被管通常较长而弯曲，熟时苞片肉质红色，被白粉，最上部的 1 对苞片约 1/2 分裂。

● 生境：多生于山坡石缝中或林木稀少的干燥地区。

● 分布：毛毛山周边山坡有分布。

山丹 *Lilium pumilum*

百合科·百合属

● **形态特征：** 多年生草本。茎具小乳头状突起，有的带紫色条纹。叶散生于茎中部；叶片条形，边缘具乳头状突起，中脉在背面突出。花单生或数朵排成总状花序；花下垂；花被片反卷，鲜红色，通常无斑点，有时具少数斑点；蜜腺两边具乳头状突起；花丝无毛，花药长椭球形，黄色，花粉近红色；子房圆柱形，花柱稍长于子房或较子房长 1 倍多，柱头膨大且 3 裂。蒴果矩球形。

● **生境：** 生于海拔 400 ～ 2600 米的山坡草地或林缘。

● **分布：** 夏玛自然保护站灌丛中有分布。

马蔺 *Iris lactea*

鸢尾科·鸢尾属

● **形态特征：** 多年生密丛草本。叶基生，坚韧；叶片灰绿色，条形或狭剑形，先端渐尖，基部鞘状。苞片 3～5 枚，草质，披针形，绿色，先端渐尖或长渐尖，边缘白色，内含 2～4 朵花；花乳白色；花被管甚短，外花被裂片倒披针形，先端钝或急尖，爪部楔形，内花被裂片狭倒披针形，爪部狭楔形；花丝白色，花药黄色；子房纺锤形。果长椭圆状柱形，具 6 条明显的肋，顶端具短喙。

● **生境：** 生于荒地、路旁、山坡草地。

● **分布：** 毛毛山草地广泛分布。

展苞灯芯草 *Juncus thomsonii*

灯芯草科·灯芯草属

形态特征： 多年生草本。茎直立，丛生，圆柱形，淡绿色。叶均基生，常2片；叶片细线形；叶鞘边缘膜质；叶耳明显，钝圆。头状花序单一顶生，具4～8朵花；苞片3～4枚，开展，卵状披针形，先端钝，红褐色；花被片长圆状披针形，先端钝，黄色或淡黄白色，后期背面变成褐色；雄蕊6枚，长于花被片，花药黄色；柱头3分叉，线形。蒴果三棱柱状椭球形，熟时红褐色至黑褐色，顶端具短尖头。

生境： 生于海拔2800～4300米的高山草甸、池边、沼泽及林下潮湿处。

分布： 毛毛山山顶灌丛零星分布。

芨芨草 *Neotrinia splendens*

禾本科·芨芨草属

● **形态特征：** 多年生丛生草本。茎直立，坚硬，基部宿存枯萎的黄褐色叶鞘。叶片纵卷，质坚韧；叶舌三角形或尖披针形。圆锥花序 2 ～ 6 个簇生，平展或斜向上升，开花时呈金字塔形开展，主轴平滑，分枝细弱；小穗灰绿色，基部带紫褐色，熟后常变草黄色；颖膜质，披针形，先端尖或锐尖，第一颖具 1 条脉，第二颖具 3 条脉；外稃厚纸质，先端具 2 枚微齿，背面密生柔毛，具 5 条脉，基盘被柔毛，芒自外稃齿间伸出且不扭转；内稃具 2 条脉而无脊。

● **生境：** 生于微碱性的草滩及砂土质山坡上。

● **分布：** 夏玛自然保护站山坡有分布。

垂穗披碱草 *Elymus nutans*

禾本科·披碱草属

● 形态特征：多年生丛生草本。茎直立。叶片扁平，腹面有时疏生柔毛，背面粗糙或平滑；茎基部和根出的叶鞘均具柔毛。穗状花序较紧密，通常曲折而顶端下垂，基部的 2 节均不具发育小穗；小穗绿色，熟后带紫色，通常每节生 2 枚，接近顶端及下部节上仅生 1 枚，多少偏生于穗轴一侧，含 3 ～ 4 朵小花；颖长圆形，2 颖几乎相等，先端渐尖或具长 1 ～ 4 毫米的短芒，具 3 ～ 4 条脉；外稃长披针形，具 5 条脉，第一外稃先端延伸成芒，向外反曲或稍展开。

● 生境：多生于草原或山坡道旁和林缘。

● 分布：夏玛自然保护站广泛分布。

赖草 *Leymus secalinus*

禾本科 · 赖草属

● 形态特征：多年生草本。茎单生或丛生。叶片扁平或内卷；叶舌膜质，平截。穗状花序直立，灰绿色；小穗常 2～3 枚生于每节，含 4～10 朵小花；颖短于小穗，线状披针形，先端狭窄如芒，不覆盖第一外稃基部，具不明显的 3 条脉；外稃披针形，先端渐尖或具芒，边缘膜质，背面具 5 条脉；内稃与外稃等长，先端常微 2 裂，脊的上半部具纤毛。

● 生境：生于沙地、平原绿洲及山地草原带。

● 分布：夏玛自然保护站路边草地有分布。

灰绿黄堇 *Corydalis adunca*

罂粟科·紫堇属

形态特征： 多年生灰绿色丛生草本。基生叶具长柄，叶片二回羽状全裂，一回羽片 4 ～ 5 对，二回羽片 1 ～ 2 对，3 深裂，有时裂片 2 ～ 3 浅裂；茎生叶与基生叶同形，近一回羽状全裂。总状花序多花；苞片窄披针形，先端丝状，边缘近膜质；萼片卵形；花冠黄色，外花瓣先端淡褐色，兜状，无鸡冠状突起，距长为花瓣长的 1/4 ～ 1/3，蜜腺长约距长的 1/2，下花瓣舟状，内花瓣具鸡冠状突起，爪与瓣片近等长；雄蕊束披针形；柱头近球形，具 6 个短柱状突起。蒴果长圆柱形，花柱宿存。

生境： 生于海拔 1000 ～ 3900 米的干旱山地、河滩或石缝中。

分布： 夏玛自然保护站路旁常见分布。

蛇果黄堇 *Corydalis ophiocarpa*

罂粟科 · 紫堇属

- **形态特征：** 灰绿色丛生草本。基生叶多数，叶片二回或一回羽状全裂，一回羽片 4 ～ 5 对，具短柄，二回羽片 2 ～ 3 对，无柄，倒卵圆形或长圆形，3 ～ 5 裂，叶柄具膜质翅；茎生叶与基生叶同形，近一回羽状全裂，叶柄具翅。总状花序多花；苞片线状披针形；花冠淡黄色或苍白色，外花瓣先端色较深，距短囊状，蜜腺贯穿距长的 1/2，下花瓣舟状，内花瓣先端暗紫红或暗绿色，鸡冠状突起伸出先端，爪短于瓣片；雄蕊束上部缢缩成丝状；子房长于花柱，柱头具 4 个乳突。蒴果线形。

- **生境：** 生于海拔 200 ～ 4000 米的沟谷林缘。

- **分布：** 夏玛自然保护站公路旁零星分布。

全缘叶绿绒蒿 *Meconopsis integrifolia*

罂粟科·绿绒蒿属

● **形态特征:** 一年生至多年生草本。茎不分枝。基生叶排成莲座状,叶片倒披针形、倒卵形或近匙形,基部渐狭并下延成翅,至叶柄近基部又逐渐扩大,边缘全缘,两面均被毛,通常具 3 条至多条纵脉;茎生叶下部者同基生叶,上部者狭椭圆形、披针形、倒披针形或条形,比下部叶小,最上部茎生叶常排成假轮生状。花常 4 ～ 5 朵,稀 18 朵;萼片舟状,具数十条明显的纵脉;花瓣 6 ～ 8 枚,黄色或稀白色;子房密被金黄色长硬毛。蒴果宽椭球状长圆柱形至椭球形,4 ～ 9 瓣自顶端开裂至全长的 1/3。

● **生境:** 生于海拔 2700 ～ 5100 米的高山灌丛中或林下、草坡、山坡、草甸。

● **分布:** 毛毛山山坡、草甸广泛分布。

五脉绿绒蒿 *Meconopsis quintuplinervia*

罂粟科·绿绒蒿属

- **形态特征：** 多年生草本。叶均基生，排成莲座状；叶片倒卵形至披针形，先端急尖或钝，基部渐狭并下延入叶柄，两面均密被淡黄色或棕褐色、具多数短分支的硬毛，具明显的 3～5 条纵脉。花葶 1～3 条；花单生于基生花葶上，下垂；萼片外面密被棕黄色、具分支的硬毛；花瓣 4～6 片，淡蓝色或紫色；花丝与花瓣同色或白色，花药淡黄色；子房近球形、卵球形或长圆柱形，花柱短，柱头头状，3～6 裂。蒴果椭球形或长圆柱状椭球形，密被紧贴的刚毛。

- **生境：** 生于海拔 2300～4600 米的阴坡灌丛中或高山草地。

- **分布：** 毛毛山山坡、草甸零星分布。

鲜黄小檗 *Berberis diaphana*

小檗科·小檗属

● **形态特征：** 落叶灌木。茎刺三分叉。叶片坚纸质，长圆形或倒卵状长圆形，先端微钝，基部楔形，边缘具 2 ～ 12 枚刺齿，偶有全缘，腹面暗绿色，背面淡绿色。花 2 ～ 5 朵簇生，偶有单生；萼片 2 轮，外萼片近卵形，内萼片椭圆形；花瓣卵状椭圆形，黄色，先端急尖，锐裂，基部缢缩成爪，具 2 枚分离腺体。浆果红色，卵状长圆柱形，顶端略斜弯，具明显的宿存花柱。

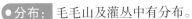

● **生境：** 生于灌丛中、草甸、林缘、坡地或云杉林中。

● **分布：** 毛毛山及灌丛中有分布。

露蕊乌头 *Gymnaconitum gymnandrum*

毛茛科·露蕊乌头属

● **形态特征：** 一年生草本。茎常分枝，被短柔毛，下部有时无毛。基生叶 1～3 片；叶片宽卵形或三角状卵形，3 全裂，全裂片二回至三回深裂，小裂片窄卵形或窄披针形，腹面疏被短伏毛，背面沿脉疏被长柔毛或无毛。总状花序具 6～16 朵花；基部苞片叶状，其他下部苞片 3 裂，中上部苞片披针形或线形；小苞片叶状或线形；萼片蓝紫色，疏被柔毛，上萼片船形，侧萼片长 1.5～1.8 厘米；唇扇形，边缘具小齿；距短，头状，疏被短毛；花丝疏被短毛；心皮 6～13 枚。

● **生境：** 生于海拔 1550～3800 米的山地草坡、田边草地或河边砂地。

● **分布：** 夏玛自然保护站广泛分布。

高乌头 *Aconitum sinomontanum*

毛茛科·乌头属

● **形态特征**：多年生草本。茎中下部几乎无毛，上部近花序处被反曲短柔毛，生 4～6 片叶。基生叶 1 片，与茎下部叶均具长柄；叶片肾形或圆肾形，基部宽心形，3 深裂约至 6/7 处，边缘具不整齐的三角形锐齿，中裂片较小，楔状窄菱形，渐尖，侧裂片斜扇形，不等 3 裂稍超过中部。总状花序具密集的花；苞片长于花梗，下部苞片叶状，其他苞片线形；小苞片通常生于花梗中部，线形；萼片蓝紫或淡紫色，上萼片圆筒形，外缘在中部之下稍缢缩；唇舌形；距向后拳卷；花丝大多具 1～2 枚小齿；心皮 3 枚。

● **生境**：生于山坡草地或林中。

● **分布**：夏玛自然保护站林下湿润处常见分布。

蓝侧金盏花 *Adonis coerulea*

毛茛科·侧金盏花属

● **形态特征：** 多年生草本。植株除心皮外，其余部分均无毛。茎常在近地面处分枝，基部及下部具少数鞘状鳞片。叶片长圆形或长圆状窄卵形，稀三角形，二回至三回羽状细裂，羽片 3～5 对，小裂片窄披针形或披针状线形；茎下部叶具长柄，上部叶具短柄或无柄。萼片 5～7 枚；花瓣约 8 枚，淡紫色或淡蓝色，窄倒卵形，近先端疏生小齿；心皮多数，子房卵球形，花柱极短。瘦果倒卵球形。

● **生境：** 生于高山草地或灌丛中。

● **分布：** 夏玛自然保护站及毛毛山的草地有分布。

阿尔泰银莲花 *Anemone altaica*

毛茛科 · 银莲花属

● **形态特征：** 多年生草本。基生叶 1 片或无，具长柄；叶片宽卵形，3 全裂，中裂片 3 裂，具缺刻状齿，侧裂片不等 2 全裂，两面近无毛。花葶近无毛，单花顶生；苞片 3 枚，具柄，近五角形，3 全裂，中裂片 3 浅裂，侧裂片不等 2 裂；萼片 8 ～ 10 枚，白色，倒卵状长圆形或长圆形；花丝丝状，花药长圆柱形；心皮 20 ～ 30 枚，子房密被柔毛，花柱短。瘦果卵球形。

● **生境：** 生于海拔 1200 ～ 1800 米的山谷林下、灌丛中或沟边。

● **分布：** 夏玛自然保护站有分布。

甘青铁线莲 *Clematis tangutica*

毛茛科·铁线莲属

- **形态特征：** 木质藤本，在荒漠地区呈矮小灌木状。一回至二回羽状复叶；小叶片菱状卵形或窄卵形，先端尖，具小齿，两面脉上均疏被柔毛。花单生于枝顶或1～3朵排成腋生花序；苞片似小叶；萼片4枚，黄色，有时带紫色，窄卵形或长圆形，先端常骤尖，疏被柔毛，边缘被柔毛；花丝被柔毛，花药无毛且顶端具不明显的小尖头。

- **生境：** 生于高原草地或灌丛中。
- **分布：** 夏玛自然保护站及路旁常见分布。

贝加尔唐松草 *Thalictrum baicalense*

毛茛科·唐松草属

形态特征： 多年生草本。全株无毛。三回三出复叶；小叶片草质，菱状宽倒卵形或宽菱形，3 浅裂，边缘疏生齿，背面网脉稍隆起；茎中部的叶具短柄。花序上部分枝成伞房状或密集成伞形；萼片 4 枚，白绿色，椭圆形，早落；雄蕊 15 ～ 20 枚，花丝上部窄倒披针形，下部丝状；心皮 3 ～ 7 枚，花柱腹面顶端具近球形小柱头。瘦果扁球形，具短柄，宿存花柱短。

生境： 生于山地林下或湿润草坡。

分布： 夏玛自然保护站有分布。

瓣蕊唐松草 *Thalictrum petaloideum*

毛茛科·唐松草属

● **形态特征：** 多年生草本。全株无毛。基生叶数片，三回至四回三出复叶或羽状复叶；小叶片草质，倒卵形、宽倒卵形、窄椭圆形、菱形或近圆形，3 裂或不裂，边缘全缘，脉平坦。花序伞房状，多花或少花；萼片 4 枚，白色，卵形，早落；雄蕊多数，花丝上部倒披针形，下部丝状；心皮 4～13 枚，无柄，花柱明显且腹面具柱头。瘦果窄椭球形，稍扁，宿存花柱长约 1 毫米。

● **生境：** 多生于山坡草地。

● **分布：** 毛毛山草地常见分布。

矮金莲花 *Trollius farreri*

毛茛科·金莲花属

●**形态特征**：多年生草本。全株无毛。茎不分枝。叶3～4片，全部基生或近基生；叶片五角形，基部心形，3全裂达或几达基部，中央全裂片菱状倒卵形或楔形，与侧生全裂片通常分开，3浅裂，小裂片互相分开，具2～3枚不规则三角形齿，侧全裂片不等2裂稍超过中部，二回裂片具稀疏小裂片及三角形齿；叶具长柄。花单独顶生；萼片黄色，先端圆形或近截形，宿存；花瓣匙状线形，比雄蕊稍短，先端稍变宽；心皮6～9枚。

●**生境**：生于山地及山间草坡。

●**分布**：毛毛山山坡广泛分布。

川赤芍 *Paeonia veitchii*

芍药科·芍药属

● **形态特征：** 多年生草本。二回三出复叶；叶片宽卵形，小叶片羽状分裂，裂片窄披针形至披针形，先端渐尖，边缘全缘，腹面深绿色，背面淡绿色。花2～4朵生于茎顶端及叶腋，有时仅顶端1朵开放，叶腋有发育不良的花芽；苞片2～3枚，分裂或不裂，披针形；萼片4枚，宽卵形；花瓣6～9片，倒卵形，紫红色或粉红色；花盘肉质，仅包裹心皮基部；心皮2～3枚，密生黄色茸毛。蓇葖密生黄色茸毛。

● **生境：** 生于山坡林下草丛中、路旁山坡疏林中。

● **分布：** 夏玛自然保护站广泛分布。

黑蕊亭阁草 *Micranthes melanocentra*

虎耳草科·亭阁草属

● **形态特征：** 多年生草本。叶均基生；叶片卵形、菱状卵形、宽卵形、窄卵形或长圆形，先端急尖或稍钝，基部楔形，稀心形，边缘具圆齿及腺睫毛，或无毛。聚伞花序伞房状，具 2 ～ 17 朵花，稀单生；萼片在花期开展或反曲，三角状卵形或窄卵形，先端钝或渐尖，无毛或疏生柔毛，3 ～ 8 条脉在先端汇合成疣点；花瓣白色，稀红色或紫红色，基部红色至紫红色或具 2 个黄色斑点，宽卵形、卵形或椭圆形，先端钝或微凹，基部窄缩成爪；花丝钻形，花药黑色；花盘环形。

● **生境：** 生于海拔 3000 ～ 5300 米的高山灌丛、高山草甸和高山碎山隙。

● **分布：** 毛毛山山坡、草甸有分布。

小丛红景天 *Rhodiola dumulosa*

景天科·红景天属

● **形态特征：** 多年生草本。花茎聚生于主轴顶端，不分枝。叶互生；叶片线形或宽线形，边缘全缘；无柄。花序聚伞状，具 4 ～ 7 朵花；萼片 5 枚，线状披针形，长约 4 毫米；花瓣 5 枚，直立，白色或红色，披针状长圆形，边缘平直或多少流苏状；雄蕊 10 枚，较花瓣短；鳞片 5 枚，横长方形，先端微缺；心皮 5 枚，卵状长圆形，直立，基部 1 ～ 1.5 毫米合生。

● **生境：** 生于海拔 1600 ～ 3900 米的山坡石上。

● **分布：** 毛毛山有分布。

祁连山黄芪 *Astragalus chilienshanensis*

豆科 · 黄芪属

● **形态特征**：多年生草本。茎多少短缩。羽状复叶具 9～13 片小叶；托叶离生，叶状，椭圆形，具白色缘毛；小叶片卵圆形或长圆形，先端钝或微凹，基部宽楔形或近圆形。总状花序具 10 余朵花，稍紧密；花序梗比叶长 2～3 倍；苞片线形；花萼钟状，萼筒带黑紫色，萼齿披针形，内面被黑色柔毛；花冠黄色，干时黑褐色，旗瓣宽倒卵形，先端微凹，基部渐狭成瓣柄，翼瓣与旗瓣近等长，瓣片长圆形，基部具短耳；子房密被白色和黑色柔毛。荚果纺锤形，散生黑色柔毛。

● **生境**：生于海拔 3500 米左右的山坡沼泽地。

● **分布**：毛毛山灌丛有分布。

斜茎黄花 *Astragalus laxmannii*

豆科·黄花属

● **形态特征：** 多年生草本。茎多数或数个丛生，直立或斜上。羽状复叶具 9～25 片小叶；托叶三角形，渐尖；小叶片长圆形、近椭圆形或狭长圆形，基部圆形或近圆形，有时稍尖。总状花序长圆柱状或穗状，着生多数花，排列密集，有时稀疏；花序梗较叶长或与叶等长；苞片狭披针形至三角形，先端尖；花萼管状钟形，被黑褐色或白色毛，有时被黑白混生毛，萼齿狭披针形，长为萼筒长的 1/3；花冠近蓝色或红紫色，旗瓣倒卵圆形，翼瓣较旗瓣短，瓣片长圆形；子房被密毛。荚果长圆柱形。

● **生境：** 生于向阳山坡灌丛及林缘地带。

● **分布：** 毛毛山草地零星分布。

鬼箭锦鸡儿 *Caragana jubata*

豆科·锦鸡儿属

形态特征： 灌木。茎直立或伏地，基部多分枝。羽状复叶具 4～6 对小
叶；托叶先端刚毛状，不硬化成针刺；叶轴宿存；小叶片长圆形，
绿色，先端圆或尖，具刺尖头，基部圆形，两面均被长柔毛。苞片
线形；花萼钟状管形，被长柔毛，萼齿披针形；花冠玫红色、淡紫
色、粉红色或近白色；子房被长柔毛。荚果密被丝状长柔毛。

生境： 生于海拔 2400～3000 米的山坡、林缘。

分布： 毛毛山灌丛常见分布。

红花羊柴 *Corethrodendron multijugum*

豆科·羊柴属

● **形态特征：** 半灌木或仅基部木质化而呈草本状。茎直立，多分枝。通常具 15～29 片小叶；托叶卵状披针形，基部合生，棕褐色，干膜质；小叶片阔卵形或卵圆形，先端钝圆或微凹，基部圆形或圆楔形。总状花序腋生，具 9～25 朵花，疏散排列，果期下垂；苞片钻状；花萼斜钟状，萼齿钻状或锐尖，通常上萼齿间分裂深达萼筒中部以下；花冠紫红色或玫红色，旗瓣倒阔卵形，先端圆形，微凹，翼瓣线形，龙骨瓣稍短于旗瓣；子房线形。荚果通常具 2～3 节，节荚椭圆形或半圆形，边缘具较多的刺。

● **生境：** 多生于荒漠地区的砾石质洪积扇、河滩及砾石质山坡等处。

● **分布：** 夏玛自然保护站路旁常见分布。

花苜蓿 *Medicago ruthenica*

豆科·苜蓿属

- **形态特征：** 多年生草本。茎直立或上升，四棱柱形，基部分枝，丛生。羽状三出复叶；托叶披针形，锥尖，耳状，具1～3枚浅齿；小叶片倒披针形、楔形或线形，边缘1/4以上具尖齿，顶生小叶片稍大。花序伞形，腋生，具6～9朵密生的花；苞片刺毛状；花萼钟形；花冠黄褐色，中央具深红色或紫色条纹。荚果长圆形或卵状长圆形，扁平，顶端具短喙，基部窄尖并稍弯曲，腹缝线上有时具流苏状窄翅。

- **生境：** 生于草原、沙地、河岸及砂砾质土壤的山坡旷野。

- **分布：** 夏玛自然保护站路旁有分布。

白花草木樨 *Melilotus albus*

豆科·草木樨属

形态特征： 一年生或二年生草本。茎直立，圆柱形，多分枝。羽状三出复叶；托叶尖刺状锥形，边缘全缘，稀具1枚细齿；小叶片长圆形或倒披针状长圆形，边缘具不明显的齿，侧脉平行直达叶缘齿尖，在两面均不隆起；顶生小叶片稍大。总状花序腋生，具40～100朵花，排列疏松；苞片线形；花萼钟形，萼齿三角状披针形；花冠白色，旗瓣椭圆形，龙骨瓣与翼瓣等长或稍短于翼瓣。荚果椭圆形或长圆形，顶端具尖喙，老熟后变黑褐色。

生境： 生于田边、路旁荒地及湿润的沙地。

分布： 夏玛自然保护站常见分布。

甘肃棘豆 *Oxytropis kansuensis*

豆科·棘豆属

● **形态特征：** 多年生草本。茎直立，疏被黑糙伏毛。奇数羽状复叶具小叶 17 ～ 29 片；托叶草质，卵状披针形，与叶柄合生至中部，疏被毛；小叶片卵状长圆形或披针形。多朵花排成头状总状花序；花序梗疏被短柔毛，下部密被卷曲的黑色柔毛；苞片膜质，线形；花萼筒状，密被贴伏长柔毛，萼齿线形，较萼筒短或与萼筒等长；花冠黄色。荚果纸质，长圆柱形或长圆柱状卵形，膨胀，密被贴伏黑色短柔毛。

● **生境：** 生于海拔 3300 ～ 5300 米的干燥草原山坡草地。

● **分布：** 夏玛自然保护站广泛分布。

黄花棘豆 *Oxytropis ochrocephala*

豆科·棘豆属

● **形态特征**：多年生草本。茎粗壮，直立，被白色短柔毛和黄色长柔毛。奇数羽状复叶具小叶 17～21 片；托叶草质，卵形，基部与叶柄合生，分离部分三角形，密被长柔毛；叶柄与小叶间具淡褐色腺点，密被黄色长柔毛；小叶片草质，卵状披针形，两面疏被白色和黄色短柔毛。多朵花排成密总状花序；苞片线状披针形，密被柔毛；花萼膜质，筒状，果期膨大成囊状，萼齿线状披针形；花冠黄色。荚果革质，长圆柱形。

● **生境**：多生于田埂、荒山、平原草地、山坡草地、林下、林间空地等处。

● **分布**：夏玛自然保护站、毛毛山广泛分布。

披针叶野决明 *Thermopsis lanceolata*

豆科·野决明属

● **形态特征:** 多年生草本。茎直立,分枝或单枝,被黄白色贴伏或伸展柔毛。小叶 3 片;托叶叶状,卵状披针形,先端渐尖,基部楔形;小叶片狭长圆形或倒披针形,腹面通常无毛,背面多少被贴伏柔毛。总状花序顶生,具花 2～6 轮,排列疏松;苞片线状卵形或卵形,先端渐尖,宿存;花萼钟形,背部稍呈囊状隆起,上方 2 枚齿连合,三角形,下方萼齿披针形;花冠黄色,旗瓣近圆形,先端微凹,翼瓣先端具狭窄头。荚果线形,黄褐色,被细柔毛,顶端具尖喙。

● **生境:** 多生于草原沙丘、河岸和砾滩。

● **分布:** 夏玛自然保护站常见分布。

高山豆 *Tibetia himalaica*

豆科 · 高山豆属

● 形态特征： 多年生草本。叶片长 2 ～ 7 厘米，具小叶 9 ～ 13 片；叶柄被稀疏长柔毛；托叶大，卵形；小叶片圆形至椭圆形、宽倒卵形至卵形，先端微缺至深缺，被贴伏长柔毛。伞形花序具 1 ～ 3 朵花，稀 4 朵；花序梗与叶等长或较叶长；苞片长三角形；花萼钟状，上方 2 枚萼齿较大，下方 3 枚萼齿较狭而短；花冠深蓝紫色，旗瓣卵状扁圆形，先端微缺至深缺，翼瓣宽楔形且具斜线形截头，龙骨瓣近长方形；花柱折曲成直角。荚果圆柱形或有时稍扁，被稀疏柔毛或近无毛。

● 生境： 生于海拔 3000 ～ 5000 米的山区。

● 分布： 毛毛山草地常见分布。

龙芽草 *Agrimonia pilosa*

蔷薇科·龙芽草属

形态特征： 多年生草本。间断奇数羽状复叶，常具 3～4 对小叶，杂有小型小叶；小叶片倒卵形至倒卵状披针形，边缘具齿。穗状总状花序；花瓣黄色，长圆形；雄蕊 5 枚至多枚；花柱 2 枚。瘦果倒卵状圆锥形，顶部具数层钩刺。

生境： 多生于海拔 100～3800 米的溪边、路旁、草地、灌丛、林缘及疏林下。

分布： 夏玛自然保护站常见分布。

蕨麻 *Argentina anserina*

蔷薇科·蕨麻属

● **形态特征：** 多年生草本。茎匍匐，在节处生不定根。基生叶为间断羽状复叶，具小叶 6 ～ 11 对，小叶对生或互生；小叶片通常椭圆形、倒卵状椭圆形或长椭圆形，先端圆钝，基部楔形或阔楔形，边缘具多数尖锐齿或呈裂片状，背面密被紧贴的银白色绢毛；茎生叶与基生叶相似，唯小叶对数较少；基生叶和下部茎生叶的托叶膜质，上部茎生叶的托叶草质，多分裂。单花腋生；萼片三角状卵形，先端急尖或渐尖，副萼片椭圆形或椭圆状披针形，常 2 ～ 3 裂，稀不裂；花瓣黄色，倒卵形，先端圆形。

● **生境：** 生于海拔 500 ～ 4100 米的河岸、路边、山坡草地及草甸。

● **分布：** 夏玛自然保护站广泛分布。

鸡冠茶 *Sibbaldianthe bifurca*

蔷薇科·毛莓草属

- **形态特征：** 多年生草本或半灌木。花茎直立或上升。基生叶为羽状复叶，具5～8对小叶，小叶对生，稀互生，最上面2～3对小叶基部下延与叶轴贴合；小叶片椭圆形或倒卵状椭圆形，先端2～3裂，基部楔形或宽楔形；下部叶的托叶膜质，上部茎生叶的托叶草质，边缘具齿或全缘。近伞状聚伞花序顶生；萼片卵形，先端渐尖，副萼片椭圆形，先端急尖或钝；花瓣黄色，倒卵形。
- **生境：** 多生于路旁、山坡草地、黄土坡上、半干旱荒漠草原及疏林下。
- **分布：** 夏玛自然保护站广泛分布。

金露梅 *Dasiphora fruticosa*

蔷薇科·金露梅属

- **形态特征**：灌木。羽状复叶具小叶 2 对，稀 3 片小叶，上面 1 对小叶基部下延与叶轴汇合；托叶薄膜质，宽大，外被长柔毛或脱落；叶柄被绢毛或疏柔毛；小叶片长圆形、倒卵状长圆形或卵状披针形，边缘全缘且平坦，先端急尖或圆钝，基部楔形，两面均绿色，疏被绢毛或柔毛或脱落近无毛。单花或数朵花生于枝顶；萼片卵圆形，先端急尖至短渐尖，副萼片披针形至倒卵状披针形，先端渐尖至急尖；花瓣黄色，宽倒卵形，先端圆钝，比萼片长。

- **生境**：生于海拔 1000 ～ 4000 米的山坡草地、砾石坡、灌丛及林缘。

- **分布**：夏玛自然保护站广泛分布。

峨眉蔷薇 *Rosa omeiensis*

蔷薇科·蔷薇属

● **形态特征：** 直立灌木。小枝无刺或具扁而基部膨大的皮刺。小叶 9 ～ 13 片；小叶片长圆形或椭圆状长圆形，边缘具锐齿。花单生于叶腋；萼片 4 枚，披针形，边缘全缘；花瓣 4 枚，白色，倒三角状卵形，先端微凹；花柱离生，比雄蕊短。蔷薇果倒卵球形或梨形，熟时亮红色，果柄肥大，宿存萼直立。

● **生境：** 多生于山坡、山脚下或灌丛中。

● **分布：** 夏玛自然保护站，毛毛山的林中、灌丛常见分布。

高山绣线菊 *Spiraea alpina*

蔷薇科·绣线菊属

● **形态特征**：灌木。叶多数簇生；叶片线状披针形或长圆状倒卵形，先端尖，稀钝圆，边缘全缘，两面均无毛，背面具粉霜。伞形总状花序具花序梗，具 3 ～ 15 朵花，无毛；苞片线形；花萼无毛，萼裂片三角形；花瓣倒卵形或近圆形，先端钝圆或微凹，白色；雄蕊 20 枚；花盘环形，具 10 枚裂片；花柱短于雄蕊。蓇葖果开张，无毛，常具直立或半开张宿存萼裂片，宿存花柱近顶生。

● **生境**：生于海拔 2000 ～ 4000 米的向阳坡地或灌丛中。

● **分布**：毛毛山的灌丛有分布。

麻叶荨麻 *Urtica cannabina*

荨麻科·荨麻属

● **形态特征：**多年生草本。茎几乎无刺毛。叶片五角形，掌状 3 全裂，稀深裂，一回裂片羽状深裂，二回裂片具裂齿或浅齿，腹面密布钟乳体，背面被柔毛且脉上疏生刺毛；托叶每节 4 枚，离生，线形。雌雄同株；雄花序圆锥状，生于下部叶腋；雌花序生于上部叶腋，常穗状，有时在下部具少数分枝；雄花花被片合生至中部。瘦果窄卵球形，具红褐色疣点；宿存花被片在下部 1/3 合生，内面 2 枚椭圆状卵形，先端钝圆，外面生 1～4 根刺毛及糙毛，外面 2 枚卵形或长圆状卵形，常具 1 根刺毛。

● **生境：**生于丘陵性草原或坡地、沙丘坡上、河滩、河谷、溪旁等处。

● **分布：**夏玛自然保护站、毛毛山广泛分布。

毛蕊老鹳草 *Geranium platyanthum*

牻牛儿苗科 · 老鹳草属

- **形态特征：** 多年生草本。茎被开展的长糙毛和腺毛。叶互生；叶片五角状肾圆形，掌状 5 裂达叶中部或稍过之，裂片菱状卵形或楔状倒卵形，下部边缘全缘，腹面疏被糙伏毛，背面沿脉被糙毛。伞形聚伞花序长于叶，被开展的糙毛和腺毛，花序梗具 2～4 朵花；萼片长卵形或椭圆状卵形，被糙毛或开展的腺毛；花瓣淡紫红色，宽倒卵形或近圆形，向上反折，先端浅波状；花丝淡紫色，花药紫红色；花柱上部紫红色。

- **生境：** 生于山地林下、灌丛和草甸。

- **分布：** 夏玛自然保护站零星分布。

鼠掌老鹳草 *Geranium sibiricum*

牻牛儿苗科·老鹳草属

● **形态特征：** 一年生或多年生草本。植株高 30～70 厘米。根为直根。茎
纤细。叶对生；基生叶和茎下部叶具长柄，叶柄长为叶片长的 2～3
倍；下部叶片肾状五角形，掌状 5 深裂，基部宽心形，两面均被疏
伏毛，背面沿脉被毛较密；上部叶片具短柄，3～5 裂；托叶披针形。
花序梗丝状，单生于叶腋，长于叶，被倒向柔毛或伏毛，具 1 朵花
或偶具 2 朵花；苞片对生，棕褐色，钻状，膜质，生于花梗中部或
基部；萼片卵状椭圆形或卵状披针形，长约 5 毫米，先端急尖，具
短尖头，背面沿脉被疏柔毛；花瓣倒卵形，淡紫色或白色，等于或
稍长于萼片，先端微凹或缺刻，基部具短爪；花丝扩大成披针形，
具缘毛；花柱不明显，分支长约 1 毫米。蒴果果梗下垂。

● **生境：** 生于海拔 2500～5000 米的山地针叶林缘草地、亚高山和高山
草甸。

● **分布：** 夏玛自然保护站、毛毛山常见分布。

熏倒牛 *Biebersteinia heterostemon*

熏倒牛科 · 熏倒牛属

● **形态特征:** 一年生草本。植株具浓烈腥臭味。茎单一，直立，上部分枝。叶片三回羽状全裂，末回裂片狭条形或齿状；托叶半卵形，与叶柄合生，先端撕裂。圆锥聚伞花序长于叶，由 3 朵花构成的多数聚伞花序排成；苞片披针形；每朵花具 1 枚钻状小苞片；花梗长为苞片长的 5 ～ 6 倍；萼片宽卵形，先端急尖；花瓣黄色，倒卵形，稍短于萼片，边缘波状浅裂。蒴果肾形，不开裂，顶端无喙。

● **生境:** 生于海拔 1000 ～ 3200 米的黄土山坡、河滩地和杂草坡地。

● **分布:** 毛毛山的路旁常见分布。

黄瑞香 *Daphne giraldii*

瑞香科·瑞香属

形态特征： 落叶直立灌木。叶互生，常密生于小枝上部；叶片膜质，倒披针形，先端钝或微突尖，基部楔形，边缘全缘，背面带白霜，干后灰绿色，两面均无毛；侧脉 8～10 对。3～8 朵花排成顶生头状花序；无苞片；花黄色，微芳香；萼筒无毛，裂片 4 枚，卵状三角形，先端骤尖或渐尖；雄蕊 8 枚，2 轮；花盘浅盘状，边缘全缘；子房无毛，无花柱，柱头头状。果卵形，橙红色或红色。

生境： 生于海拔 1600～2600 米的山地林缘或疏林中。

分布： 夏玛自然保护站有分布。

狼毒 *Stellera chamaejasme*

瑞香科 · 狼毒属

● **形态特征：** 多年生草本。茎直立，丛生，基部木质化。叶散生，稀对生或近轮生；叶片薄纸质，披针形或长圆状披针形，稀长圆形，先端渐尖或急尖，稀钝形，基部圆形至钝形或楔形，腹面绿色，背面淡绿色至灰绿色；叶柄基部具关节。多花的头状花序顶生，圆球形，具绿色叶状总苞片；无花梗；花芳香；花萼白色、黄色至带紫色，筒部细瘦，裂片 5 枚，卵状长圆形，先端圆形，稀截形，常具紫红色网状脉纹；雄蕊 10 枚，2 轮，花药微伸出萼筒。

● **生境：** 生于海拔 2600～4200 米的干燥而向阳的高山草坡、草坪或河滩台地。

● **分布：** 夏玛自然保护站常见分布。

荠 *Capsella bursa-pastoris*

十字花科 · 荠属

● **形态特征：** 一年生或二年生草本。茎直立，单一或从下部分枝。基生叶丛生成莲座状，叶片大头羽状分裂，顶裂片卵形至长圆形，侧裂片3～8对，长圆形至卵形，先端渐尖，边缘浅裂或有不规则粗齿或近全缘；茎生叶叶片窄披针形或披针形，基部箭形，抱茎，边缘具缺刻或齿。总状花序顶生及腋生；萼片长圆形；花瓣白色，卵形，基部具短爪。短角果倒三角形或倒心状三角形，扁平，无毛，顶端微凹。

● **生境：** 生于山坡、田边及路旁。

● **分布：** 夏玛自然保护站广泛分布。

播娘蒿 *Descurainia sophia*

十字花科·播娘蒿属

● 形态特征：一年生草本。植株被叉状毛或无毛，毛以下部茎生叶上的为多，向上渐少。茎直立，分枝多。叶片三回羽状深裂，末端裂片条形或长圆形；下部叶具柄，上部叶无柄。花序伞房状，在果期伸长；萼片直立，早落，长圆条形，背面具分叉细柔毛；花瓣黄色，长圆状倒卵形，或稍短于萼片，基部具爪；雄蕊6枚，比花瓣长1/3。长角果圆柱形，稍内曲，与果梗不成一条直线，无毛，果瓣中脉明显。

● 生境：生于山坡、田野。

● 分布：夏玛自然保护站常见分布。

菥蓂 *Thlaspi arvense*

十字花科·菥蓂属

●**形态特征：** 一年生草本。茎直立，不分枝或分枝，具棱。基生叶叶片倒卵状长圆形，先端圆钝或急尖，基部箭形，两侧抱茎，边缘具疏齿。总状花序顶生；花梗细；萼片直立，卵形，先端圆钝；花瓣白色，长圆状倒卵形，先端圆钝或微凹。短角果倒卵形或近球形，扁平，顶端凹入，边缘具翅。

●**生境：** 多生于平地路旁、沟边或村落附近。

●**分布：** 毛毛山及周边的草地广泛分布。

萹蓄 *Polygonum aviculare*

蓼科·萹蓄属

● **形态特征：** 一年生草本。茎平卧、上升或直立，自基部多分枝，具纵棱。叶片椭圆形、狭椭圆形或披针形，先端钝圆或急尖，基部楔形，边缘全缘，两面均无毛，背面侧脉明显；叶柄短或近无柄，基部具关节；托叶鞘膜质，下部褐色，上部白色，撕裂脉明显。花单生或数朵簇生于叶腋；苞片薄膜质；花梗细，顶部具关节；花被5深裂，裂片椭圆形，绿色，边缘白色或淡红色；雄蕊8枚，花丝基部扩展；花柱3枚，柱头头状。

● **生境：** 多生于田边、沟边湿地。

● **分布：** 夏玛自然保护站常见分布。

圆穗蓼 *Bistorta macrophylla*

蓼科·拳参属

●**形态特征：** 多年生草本。茎直立，不分枝，2～3条自根状茎发出。基生叶叶片长圆形或披针形，先端急尖，基部近心形，腹面绿色，背面灰绿色，边缘叶脉增厚，外卷；茎生叶叶片狭披针形或线形；托叶鞘筒状，膜质，顶部偏斜，开裂，无缘毛。总状花序短穗状，顶生；苞片膜质，卵形，先端渐尖，每苞片内具2～3朵花；花被5深裂，淡红色或白色，花被片椭圆形；雄蕊8枚，比花被长，花药黑紫色；花柱3枚。瘦果卵形，具3条棱。

●**生境：** 生于海拔2300～5000米的山坡草地、高山草甸。

●**分布：** 毛毛山零星分布。

珠芽蓼 *Bistorta vivipara*

蓼科·拳参属

● 形态特征：多年生草本。茎直立，不分枝，通常 2～4 条自根状茎发出。基生叶叶片长圆形或卵状披针形，先端尖或渐尖，基部圆形、近心形或楔形，两面均无毛，边缘脉端增厚且外卷，具长叶柄；茎生叶叶片较小，披针形，近无柄；托叶鞘筒状，膜质，偏斜，开裂，无缘毛。总状花序穗状，顶生，花紧密排列，花序下部生珠芽；苞片卵形，膜质，每苞片内具 1～2 朵花；花梗细弱；花被 5 深裂，白色或淡红色，花被片椭圆形；雄蕊 8 枚；花柱 3 枚。瘦果卵形，具3 条棱。

● 生境：生于山坡林下、高山或亚高山草甸。

● 分布：毛毛山草甸广泛分布。

黑蕊无心菜 *Odontostemma melanandrum*

石竹科 · 齿缀草属

● **形态特征：** 多年生草本。茎单生或基部二分叉。叶片长圆形或长圆状披针形，先端钝，基部较狭，疏生缘毛；叶腋生不育枝。花 1 ～ 3 朵排成聚伞状，常直立；苞片卵状披针形，先端急尖，基部较狭；萼片 5 枚，椭圆形，先端钝，基部较宽，边缘狭膜质，具 1 条脉；花瓣 5 片，白色，宽倒卵形，先端微凹，基部渐狭成短爪；花盘碟状，具 5 个椭圆形腺体；雄蕊 10 枚，花丝钻形且常长于萼片，花药黑紫色；花柱 2 ～ 3 枚，线形。蒴果稍短于宿存萼。

● **生境：** 生于海拔 3700 ～ 5000 米的高山草甸或高山砾石带。

● **分布：** 毛毛山山顶草甸零星分布。

灰绿藜 *Oxybasis glauca*

苋科·红叶藜属

● **形态特征：** 一年生草本。茎平卧或外倾，具纵棱及绿色或紫红色色条。叶片矩圆状卵形至披针形，肥厚，先端急尖或钝，基部渐狭，边缘具缺刻状齿，腹面无粉，平滑，背面被粉且呈灰白色，有时稍带紫红色；中脉明显，黄绿色。花两性兼有雌性，常数朵花排成团伞花序，于分枝上再排成间断且通常短于叶的穗状或圆锥状花序；花被裂片 3～4 枚，浅绿色，稍肥厚，狭矩圆形或倒卵状披针形，先端通常钝，通常无粉；雄蕊 1～2 枚，花丝不伸出花被；柱头 2 枚，极短。

● **生境：** 生于农田、菜园、村房、溪边等轻度盐碱的土壤上。

● **分布：** 广布。

杂配藜 *Chenopodiastrum hybridum*

苋科·麻叶藜属

形态特征： 一年生草本。植株稍被细粉粒。茎直立，粗壮，具淡黄色或紫色纵棱，上部具疏分枝。叶片宽卵形或卵状三角形，两面近同色，幼嫩时被粉粒，先端尖或渐尖，基部圆、平截或稍心形，边缘掌状浅裂，裂片三角形，不等大。花两性兼有雌性，常数朵团集，在分枝上排成二歧聚伞花序；花被5裂，裂片窄卵形，先端钝，边缘膜质，背面具纵脊；雄蕊5枚。胞果果皮膜质，常具白色斑点，与种子贴生。

生境： 生于林缘、山坡灌丛间、沟沿等处。

分布： 夏玛自然保护站广泛分布。

直立点地梅 *Androsace erecta*

报春花科 · 点地梅属

● **形态特征：** 一年生或二年生草本。茎直立，被柔毛。基生叶常早枯，茎生叶互生；叶片椭圆形或卵状椭圆形，先端锐尖或稍钝，具软骨质骤尖头，基部短渐窄或近圆，边缘增厚，软骨质，两面均被柔毛。伞形花序多花，常生于无叶的枝端；苞片卵形或卵状披针形，叶状；花梗疏被短柄腺体；花萼钟状，分裂达中部，裂片三角形，具小尖头；花冠白色或粉红色，裂片小，长圆形，微伸出花萼。蒴果长圆柱形，稍长于花萼。

● **生境：** 生于海拔 2700 ～ 3500 米的山坡草地及河滩上。

● **分布：** 夏玛自然保护站及毛毛山干旱山坡常见分布。

天山报春 *Primula nutans*

报春花科 · 报春花属

● **形态特征：** 多年生草本。全株无粉。叶丛生；叶片卵形、长圆形或近圆形，鲜时稍肉质，边缘全缘或微具浅齿；叶柄通常与叶片近等长，有时长于叶片 1 ～ 3 倍。花葶高 10 ～ 25 厘米；伞形花序具 2 ～ 6 朵花；苞片长圆形，基部具垂耳状附属物；花萼钟状，具 5 条棱，分裂达全长的 1/3，裂片长圆形或三角形，边缘密被小腺毛；花冠粉红色，冠筒长 0.6 ～ 1 厘米，冠檐直径 1 ～ 2 厘米，裂片倒卵形，先端 2 深裂。蒴果筒状。

● **生境：** 生于海拔 590 ～ 3800 米的湿草地和草甸中。

● **分布：** 毛毛山草甸常见分布。

烈香杜鹃 *Rhododendron anthopogonoides*

杜鹃花科·杜鹃花属

● **形态特征：** 常绿灌木。叶芳香；叶片革质，卵状椭圆形、宽椭圆形至卵形，先端圆钝具小突尖头，基部圆或稍截形，腹面蓝绿色，无光泽，疏被鳞片或无。花序头状顶生，具10～20朵花；花萼发达，淡黄红色或淡绿色，裂片长圆状倒卵形或椭圆状卵形，边缘蚀痕状；花冠狭筒状漏斗形，淡黄绿或绿白色，罕粉色，具浓烈芳香，冠筒内面特别在喉部密被髯毛，裂片开展。

● **生境：** 生于高山坡地、山地林下、灌丛中，常为灌丛优势种。

● **分布：** 毛毛山及山顶灌丛成片分布。

头花杜鹃 *Rhododendron capitatum*

杜鹃花科·杜鹃花属

● **形态特征：** 常绿小灌木。分枝多，枝条直立而稠密，幼枝密被鳞片。叶芳香；叶片近革质，椭圆形或长圆状椭圆形，腹面灰绿色或暗绿色，被灰白色或淡黄色鳞片且鳞片相邻接或重叠，背面淡褐色，具二色鳞片，鳞片无色或禾秆色、黄褐色、暗琥珀色，数量约相等而混生，相邻或稍有间距。花序顶生，伞形，具2～5（～8）朵花；花萼带黄色，裂片5枚；花冠宽漏斗状，淡紫色、深紫色或紫蓝色，外面不被鳞片，冠筒较裂片短；雄蕊10枚，伸出花冠，花丝近基部被毛；子房长约2毫米，被灰白色鳞片及微柔毛，花柱常较雄蕊长，近基部偶有毛。花期4～6月，果期7～9月。

● **生境：** 生于海拔3000米左右的山坡。

● **分布：** 毛毛山脚下分布。

陇蜀杜鹃 *Rhododendron przewalskii*

杜鹃花科·杜鹃花属

● **形态特征：** 常绿灌木。叶常集生于枝端；叶片革质，卵状椭圆形至椭圆形，先端钝，具小尖头，基部圆形或略呈心形，腹面深绿色，背面初被薄层灰白色、黄棕色至锈黄色且多少黏结的毛被，由具长芒的分支毛组成，后毛陆续脱落，变为无毛；侧脉 11 ～ 12 对。顶生伞房状伞形花序具 10 ～ 15 朵花；花萼小，具 5 个半圆形齿裂；花冠钟形，白色至粉红色，筒部上方具紫红色斑点，裂片 5 枚；雄蕊 10 枚，不等长；花柱无毛，柱头头状。蒴果长圆柱形。

● **生境：** 生于海拔 2900 ～ 4300 米的高山林地，常成林。

● **分布：** 毛毛山及山顶灌丛成片分布。

拉拉藤 *Galium spurium*

茜草科 · 拉拉藤属

- **形态特征：** 多枝、蔓生或攀缘草本。茎具4棱角，棱上、叶缘、叶脉上均有倒生的小刺毛。叶6～8片轮生，稀为4～5片；叶片纸质或近膜质，带状倒披针形或长圆状倒披针形，先端具针状凸尖头，基部渐狭，两面常被紧贴的刺状毛，具1条脉。聚伞花序腋生或顶生；花小，4基数；花萼被钩毛，萼檐近截平；花冠黄绿色或白色，辐状，裂片长圆形，镊合状排列；花柱2裂至中部。果干燥，具1个或2个近球形的分果瓣，密被钩毛。

- **生境：** 生于海拔350～4300米的山坡、旷野、沟边、湖边、林缘、草地。

- **分布：** 夏玛自然保护站林下常见分布。

蓬子菜 *Galium verum*

茜草科·拉拉藤属

● **形态特征：** 多年生近直立草本。茎具 4 条棱。叶 6 ～ 10 片轮生；叶片线形，先端短尖，边缘极反卷，常卷成管状，具 1 条脉；无柄。聚伞花序顶生和腋生，较大，多花，通常在枝顶结成圆锥花序；花序梗密被短柔毛；花小，在花序上稠密着生；花冠黄色，辐状，花冠裂片卵形或长圆形，先端稍钝；花药黄色；花柱顶部 2 裂。果小，果瓣双生，近球形。

● **生境：** 生于山地、河滩、旷野、沟边、草地、灌丛或林下。

● **分布：** 毛毛山山坡常见分布。

皱边喉毛花 *Comastoma polycladum*

龙胆科·喉毛花属

● **形态特征：** 一年生草本。茎常自基部起多次分枝而成帚状。基生叶叶片匙形，先端圆形，基部渐狭成柄；茎生叶叶片椭圆形或椭圆状披针形，先端钝，基部渐狭，边缘常外卷，具紫色皱波状边。聚伞花序顶生和腋生；花5基数；花萼绿色，长于冠筒，深裂，裂片披针形或卵状披针形，边缘黑紫色，外卷，皱波状，稀近平展；花冠蓝色，筒状，通常裂达中部，裂片狭矩圆形，喉部具1圈白色副冠，副冠10束，流苏状条裂，冠筒基部具10个小腺体；花丝白色，线形；子房无花柱，柱头2裂。

● **生境：** 生于海拔100～4500米的山坡草地、河滩、山顶潮湿地。

● **分布：** 毛毛山草地零星分布。

达乌里秦艽 *Gentiana dahurica*

龙胆科 · 龙胆属

● **形态特征：** 多年生草本。枝丛生。基生叶排成莲座状，叶片披针形或线状椭圆形，先端渐尖，基部渐窄，具宽扁叶柄；茎生叶叶片线状披针形或线形。聚伞花序顶生或腋生；萼筒膜质，黄绿色或带紫红色，不裂，稀一侧开裂，裂片5枚，不整齐，线形，绿色；花冠深蓝色，有时喉部具黄色斑点，裂片卵形或卵状椭圆形，先端钝，边缘全缘，褶整齐，三角形或卵形，先端钝，边缘全缘或啧烛状。蒴果内藏，椭球状披针形。

● **生境：** 生于田边、路旁、河滩、湖边沙地、水沟边、向阳山坡及干燥草原等处。

● **分布：** 夏玛自然保护站、毛毛山常见分布。

黄管秦艽 *Gentiana officinalis*

龙胆科·龙胆属

● **形态特征：** 多年生草本。基生叶排成莲座状，叶片披针形或椭圆状披针形，先端渐尖，基部渐狭，具叶脉 3～7 条；茎生叶叶片披针形，稀卵状披针形，先端渐尖，稀急尖，基部钝，具叶脉 1～3 条；愈向茎上部叶愈小。花簇生于枝顶成头状或腋生作轮状；萼筒膜质，黄绿色，一侧开裂成佛焰苞状，顶部截形或圆形，裂片 5 枚，不明显或线形；花冠黄绿色，具蓝色细条纹或斑点，筒形，裂片卵形或卵圆形，先端钝圆，边缘全缘，褶偏斜，三角形，先端急尖，边缘全缘。

● **生境：** 生于高山草甸、灌丛中、山坡草地、河滩及地边。

● **分布：** 夏玛自然保护站、毛毛山山坡及路旁有分布。

条纹华龙胆 *Sinogentiana striata*

龙胆科·华龙胆属

● **形态特征：** 一年生草本。茎生叶稀疏，无柄；叶片长三角状披针形或卵状披针形，先端渐尖，基部圆形或平截，抱茎呈短鞘。花单生于茎顶；花萼钟形，萼筒具狭翅，裂片披针形，先端尖，中脉突起下延成翅；花冠淡黄色，具黑色纵条纹，裂片卵形，先端具尾尖，褶偏斜，截形，边缘具不整齐齿裂；花药淡黄色；子房矩圆柱形，花柱线形，柱头线形，2 裂，反卷。蒴果矩圆柱形，扁平。种子褐色，三棱柱形，沿棱具翅。

● **生境：** 生于海拔 2200 ～ 3900 米的山坡草地及灌丛中。

● **分布：** 毛毛山零星分布。

黑边假龙胆 *Gentianella azurea*

龙胆科·假龙胆属

● **形态特征:** 一年生草本。茎直伸,基部或下部分枝,枝开展。基生叶早枯;茎生叶叶片长圆形、椭圆形或长圆状披针形,先端钝,边缘微粗糙。聚伞花序常顶生及腋生;花5基数;花萼绿色,深裂,裂片卵状长圆形、椭圆形或线状披针形,边缘及外面中脉黑色,裂片间弯缺窄长;花冠蓝色或淡蓝色,漏斗形,裂片长圆形,先端钝;子房无柄,披针形。蒴果顶端稍外露,无柄。

● **生境:** 生于海拔 2280 ~ 4850 米的山坡草地、林下、灌丛中、高山草甸。

● **分布:** 毛毛山高山草甸零星分布。

湿生扁蕾 *Gentianopsis paludosa*

龙胆科 · 扁蕾属

● **形态特征：** 一年生草本。茎单生，直立或斜升。基生叶 3 ～ 5 对，叶片匙形，先端圆形，基部狭缩成柄，具叶脉 1 ～ 3 条；茎生叶 1 ～ 4 对，叶片矩圆形或椭圆状披针形，先端钝，基部钝，离生。花单生于茎及分枝顶端；花梗直立，在果期略伸长；花萼筒形，长为花冠长的一半，裂片近等长，先端急尖，向萼筒下延成翅；花冠蓝色，或上部蓝色、下部黄白色，宽筒形，裂片宽矩圆形，先端圆形。蒴果椭球形，具长柄。

● **生境：** 生于海拔 1180 ～ 4900 米的河滩、山坡草地、林下。

● **分布：** 夏玛自然保护站、毛毛山常见分布。

卵萼花锚 *Halenia elliptica*

龙胆科·花锚属

● **形态特征：** 一年生草本。茎直立，无毛，四棱柱形。基生叶叶片椭圆形，有时略圆形，先端圆形或急尖呈钝头，基部渐狭呈宽楔形，边缘全缘，具叶脉 3 条；茎生叶叶片卵形、椭圆形、长椭圆形或卵状披针形，先端圆钝或急尖，基部圆形或宽楔形，边缘全缘，具叶脉 5 条。聚伞花序腋生或顶生；花 4 基数；花萼裂片椭圆形或卵形；花冠蓝色或紫色，裂片卵圆形或椭圆形，先端具小尖头，距向外水平开展。蒴果宽卵球形，淡褐色。

● **生境：** 生于高山林下及林缘、山坡草地、灌丛中、山谷水沟边。

● **分布：** 夏玛自然保护站、毛毛山广泛分布。

四数獐牙菜 *Swertia tetraptera*

龙胆科·獐牙菜属

● **形态特征：** 一年生草本。基生叶在花期枯萎，与茎下部叶均具长柄，叶片矩圆形或椭圆形；茎中上部叶叶片卵状披针形，先端急尖，基部近圆形，半抱茎，具叶脉 3 ～ 5 条；分枝上的叶较小。圆锥状复聚伞花序或聚伞花序多花；花 4 基数，明显分大小两类；大花的花萼裂片绿色，叶状，先端急尖，基部稍狭缩，花冠黄绿色，有时带蓝紫色，裂片啮蚀状，下部具 2 个腺窝，内侧边缘具短裂片状流苏；小花的花萼裂片宽卵形，先端钝，具小尖头，花冠黄绿色，常闭合，啮蚀状，腺窝常不明显。

● **生境：** 生于海拔 2000 ～ 4000 米的潮湿山坡、河滩、灌丛中、疏林下。

● **分布：** 毛毛山有分布。

糙草 *Asperugo procumbens*

紫草科·糙草属

形态特征: 一年生蔓生草本。茎细,中空,被糙硬毛,具5条纵棱,沿棱具短倒钩刺。叶互生;下部茎生叶叶片匙形或窄长圆形,边缘全缘或具齿。花小,无梗或具短梗,单生或簇生于叶腋;花萼5裂至中部稍下,裂片线状披针形,裂片之间具2枚小齿,在开花后花萼不规则增大,两侧扁,稍呈蚌壳状,具不整齐齿;花冠蓝紫色或白色,筒状,冠筒稍长于冠檐,冠檐5裂,裂片卵形或宽卵形,喉部具疣状附属物;雄蕊5枚,内藏,花丝极短;雌蕊基钻形,子房4裂,花柱内藏,柱头头状。小坚果窄卵球形,具疣状突起。

生境: 生于海拔2000米以上的山地草坡、村旁、田边等处。

分布: 毛毛山常见分布。

曼陀罗 *Datura stramonium*

茄科·曼陀罗属

● **形态特征：** 草本或半灌木状。茎圆柱状，淡绿色或带紫色。叶片广卵形，先端渐尖，基部不对称楔形，边缘具不规则波状浅裂，裂片先端急尖，有时亦具波状齿。花单生于枝杈间或叶腋；花萼筒状，5浅裂，裂片三角形，花后自近基部断裂，宿存部分随果实增大并向外反折；花冠漏斗状，下半部带绿色，上部白色或淡紫色，檐部5浅裂，裂片具短尖头。蒴果直立，卵球形，表面具坚硬针刺或有时无刺而近平滑，熟时4瓣裂。

● **生境：** 多生于住宅旁、路边、草地上，也有栽培。

● **分布：** 夏玛自然保护站常见分布。

天仙子 *Hyoscyamus niger*

茄科·天仙子属

形态特征： 二年生草本。植株被黏性腺毛。自根颈生出莲座状叶丛，叶片卵状披针形或长圆形，先端尖，基部渐窄，具粗齿或羽状浅裂，具宽扁中脉及翼状叶柄，基部半抱根颈；茎生叶叶片卵形或三角状卵形，先端钝或渐尖，基部宽楔形半抱茎；茎顶叶叶片浅波状，裂片多为三角形。花在茎中下部单生于叶腋，在茎上端单生于苞状叶腋内排成蝎尾式总状花序，常偏向一侧；花萼筒状钟形，开花后成坛状，具纵肋，裂片张开，刺状；花冠钟状，黄色，肋纹紫色。蒴果长卵球形。

生境： 多生于山坡、路旁、住宅区及河岸沙地。

分布： 夏玛自然保护站常见分布。

平车前 *Plantago depressa*

车前科·车前属

● **形态特征：** 一年生或二年生草本。主根长，具多数侧根。叶基生，排成莲座状，平卧、斜展或直立；叶片纸质，椭圆形、椭圆状披针形或卵状披针形，先端急尖或微钝，边缘具浅波状钝齿、不规则齿或牙齿，基部宽楔形至狭楔形，下延至叶柄；叶脉5～7条。花序3～20个；穗状花序细圆柱状，上部密集，基部常间断；花冠白色，裂片极小，于花后反折；雄蕊同花柱内明显外伸。蒴果卵状椭球形至圆锥状卵形。

● **生境：** 生于草地、河滩、沟边、草甸、田间及路旁。

● **分布：** 夏玛自然保护站广泛分布。

白花枝子花 *Dracocephalum heterophyllum*

唇形科·青兰属

● **形态特征:** 多年生草本。叶片宽卵形或长卵形,先端钝圆,基部心形,
边缘具浅圆齿或锯齿及缘毛,背面疏被短柔毛或近无毛;茎上部叶
的叶柄短。轮伞花序具 4～8 朵花,生于茎上部;苞片倒卵状匙形
或倒披针形,边缘具 3～8 对长刺细齿;花萼淡绿色,疏被短柔毛,
具缘毛,上唇 3 浅裂,萼齿三角状卵形,具刺尖,下唇 2 深裂,萼
齿披针形,先端具刺;花冠白色,密被白色或淡黄色短柔毛。

● **生境:** 生于山地草原及半荒漠的多石干燥地区。

● **分布:** 毛毛山山坡常见分布。

密花香薷 *Elsholtzia densa*

唇形科·香薷属

● **形态特征：** 草本。茎直立，自基部多分枝。叶片长圆状披针形至椭圆形，先端急尖或微钝，基部宽楔形或近圆形，边缘在基部以上具齿。穗状花序长圆柱形或近球形，由密集的轮伞花序组成，密被紫色串珠状长柔毛；最下一对苞叶与叶同形，向上呈苞片状，卵圆形；花萼钟状，萼齿5枚，后三枚齿稍长，果时花萼膨大，近球形；花冠小，淡紫色，冠檐二唇形，上唇直立，先端微缺，下唇稍开展，3裂；雄蕊4枚，前对较长，微露出；花柱微伸出花冠，顶端近相等2裂。

● **生境：** 生于海拔1800～4100米的林缘、高山草甸、林下、河边、山坡荒地。

● **分布：** 毛毛山广泛分布。

康藏荆芥 *Nepeta prattii*

唇形科·荆芥属

●**形态特征：** 多年生草本。茎被倒向短硬毛或无毛，散布淡黄色腺点。叶片卵状披针形、宽披针形至披针形，向上渐变小，先端急尖，基部浅心形，边缘具密齿。轮伞花序下部远离，顶部的 3～6 轮密集成穗状；苞叶边缘具细齿至全缘，苞片线形或线状披针形；花萼喉部极斜，上唇 3 枚萼齿宽披针形或披针状长三角形，下唇 2 枚萼齿狭披针形；花冠紫色或蓝色，冠筒向上骤然宽大，冠檐二唇形，上唇裂至中部成 2 枚钝裂片，下唇中裂片肾形，先端中部具弯缺，边缘齿状，侧裂片半圆形。

●**生境：** 生于山坡草地及湿润处。

●**分布：** 夏玛自然保护站、毛毛山常见分布。

甘西鼠尾草 *Salvia przewalskii*

唇形科·鼠尾草属

●**形态特征：** 多年生草本。茎密被短柔毛。叶片三角状戟形或长圆状披针形，稀心状卵形，先端尖，基部心形或戟形，边缘具圆齿。轮伞花序具 2～4 朵花，疏散，再排成顶生总状花序或圆锥花序；苞片卵形或椭圆形；花萼钟形，密被长柔毛及红褐色腺点，上唇三角状半圆形，具 3 枚短尖头，下唇具 2 枚三角形齿；花冠紫红色或红褐色，上唇长圆形，边缘全缘，稍内凹，疏具红褐色腺点，中裂片倒卵形，先端近平截，侧裂片半圆形；雄蕊伸出花冠；花柱稍伸出花冠。

●**生境：** 生于林缘、路旁、沟边、灌丛下。

●**分布：** 夏玛自然保护站零星分布。

黏毛鼠尾草 *Salvia roborowskii*

唇形科·鼠尾草属

●**形态特征：**一年生或二年生草本。茎直立，多分枝，密被有黏腺的长硬毛。叶片戟形或戟状三角形，先端锐尖或钝，基部浅心形或截形，边缘具圆齿。轮伞花序具 4～6 朵花，上部密集下部疏离排成顶生或腋生的总状花序；苞片边缘波状或全缘；花萼二唇形，上唇三角状半圆形，先端具 3 枚短尖头，下唇浅裂成 2 枚三角形齿；花冠黄色，冠檐二唇形，上唇直伸，长圆形，边缘全缘，下唇 3 裂，中裂片倒心形，先端微缺，基部收缩，侧裂片斜半圆形；花柱伸出花冠。小坚果倒卵球形。

●**生境：**生于海拔 2500～3700 米的山坡草地、沟边荫处、山脚、山腰。

●**分布：**毛毛山零星分布。

肉果草 *Lancea tibetica*

通泉草科·肉果草属

- **形态特征：** 多年生矮小草本。植株除叶柄被毛外其余部分无毛。叶 6～10 片，几乎排成莲座状；叶片倒卵形至倒卵状矩圆形或匙形，近革质，先端钝，常具小凸尖，边缘全缘或具很不明显的疏齿，基部渐狭成有翅的短柄。花 3～5 朵簇生或总轴伸长排成总状花序；花萼钟状，革质，萼齿钻状三角形；花冠深蓝色或紫色，喉部稍带黄色或紫色斑点，上唇直立，2 深裂，偶有几全裂，下唇开展，中裂片边缘全缘。果卵球形，红色至深紫色，包于宿存萼内。

- **生境：** 生于海拔 2000～4500 米的草地、疏林中或沟谷旁。
- **分布：** 夏玛自然保护站、毛毛山广泛分布。

阿拉善马先蒿 *Pedicularis alaschanica*

列当科 · 马先蒿属

● **形态特征：** 多年生草本。茎常多数，多少直立或更多侧茎铺散上升；在基部分枝，但上部绝不分枝，密被锈色短茸毛。基生叶早枯，茎生叶茂密，下部叶对生，上部叶 3～4 枚轮生；叶柄几乎与叶片等长，扁平，沿中肋具宽翅；叶片披针状长圆形至卵状长圆形，羽状全裂，裂片每边 7～9 枚。花序穗状，生于茎枝顶端；苞片叶状，甚长于花；花萼膜质，长圆形，前方开裂，萼齿 5 枚；花冠黄色；雄蕊花丝着生于冠筒基部，前方一对顶部被长柔毛。

● **生境：** 生于河谷多石砾与沙的向阳山坡及湖边平川。

● **分布：** 毛毛山山坡有分布。

中国马先蒿 *Pedicularis chinensis*

列当科·马先蒿属

● 形态特征： 一年生草本。茎直立或外方者弯曲上升甚至倾卧。叶基生与茎生；叶片披针状长圆形至线状长圆形，羽状浅裂至半裂，裂片7～13对，卵形，有时带方形，钝头，前半部分的边缘具重齿。花序常占植株的大部分；花萼管状，具脉多数，萼齿2枚，齿以上即膨大成叶状；花冠黄色，盔直立部分稍向后仰，上端渐渐转向前上方成为含雄蕊的部分，前端又渐细为半环状长喙，下唇侧裂为不等的心形，其外侧基部耳形很深，两边合成下唇的深心形基部，中裂完全不伸出侧裂之前。

● 生境： 生于海拔1700～2900米的高山草地中。

● 分布： 毛毛山草甸有分布。

毛颏马先蒿 *Pedicularis lasiophrys*

列当科·马先蒿属

形态特征： 多年生草本。茎直立，常不分枝。基生叶有时排成假莲座状，较发达，茎中部以上几乎无叶；叶片长圆状线形至披针状线形，先端钝头至锐头，边缘具羽状裂片或深齿，裂片或齿两侧全缘，先端有重齿或小裂。花序多少头状或伸长为短总状，下部的花较疏；苞片披针状线形至三角状披针形；花萼钟形，萼齿5枚，几相等；花冠淡黄色，下唇3裂，裂片均圆形而具细柄，盔以直角自直立部分转折，前端突然细缩成喙；花柱不伸出或稍伸出花冠。

生境： 生于海拔 3700 ～ 5000 米的高山草甸，亦见于云杉林中的潮湿处。

分布： 毛毛山灌丛下零星分布。

藓生马先蒿 *Pedicularis muscicola*

列当科 · 马先蒿属

● **形态特征：** 多年生草本。茎常成密丛。叶片椭圆形至披针形，羽状全裂，裂片常互生，每边4～9枚，卵形至披针形，边缘具锐重齿，齿具凸尖。花皆腋生；萼齿5枚，略相等，基部三角形而连于萼筒，向上渐细，边缘均全缘，至近端处膨大成卵形，具有少数齿；花冠玫红色，冠筒外面被毛，盔直立部分很短，几乎在基部即向左方扭折使其顶部向下，前方渐细为卷曲或S形的长喙，喙反向上方卷曲，下唇极大，侧裂极大，稍指向外方，中裂较狭，长圆形，钝头。

● **生境：** 生于杂林、冷杉林的苔藓层中，也见于其他阴湿处。

● **分布：** 夏玛自然保护站广泛分布。

大唇拟鼻花马先蒿 *Pedicularis rhinanthoides ssp. labellata*

列当科 · 马先蒿属

● **形态特征：** 多年生草本。茎直立或更常弯曲上升，不分枝。基生叶常成密丛，叶片羽状全裂，裂片 9 ～ 12 对，卵形；茎生叶少数。花成顶生的亚头状总状花序或花序轴多少伸长；苞片叶状；萼筒前方开裂至一半，常具美丽的色斑，萼齿 5 枚，后方 1 枚披针形全缘，其余 4 枚较大；花冠玫红色，盔直立部分前缘转角处偶然具 1 对小齿，而在额部则仅极偶然具小鸡冠状凸起；喙半环状卷曲；下唇基部宽心形，伸至管的后方。蒴果披针状卵球形，顶端多少斜截形，具小凸尖。

● **生境：** 生于海拔 3000 ～ 4500 米的山谷潮湿处和高山草甸。

● **分布：** 毛毛山草甸广泛分布。

粗野马先蒿 *Pedicularis rudis*

列当科·马先蒿属

● **形态特征：** 多年生草本。上部多分枝，多毛。叶全茎生，无柄，抱茎；叶片披针状线形，羽状深裂，裂片达 24 对，长圆形或披针形，两面均被毛，边缘具重齿。花序长穗状，被腺毛；下部苞片叶状，上部苞片卵形，较花萼长；花萼密被白色腺毛，萼齿 5 枚，略相等，边缘具齿；花冠白色，冠筒与上唇均被密毛，上唇上部紫红色，额部黄色，顶端具小凸喙，下缘被长须毛，下唇与上唇近等长，裂片卵状椭圆形，具长缘毛；花丝无毛。蒴果宽卵球形，略侧扁。

● **生境：** 生于海拔 2350 ～ 3350 米的荒草坡或灌丛中，亦见于云杉与桦木林。

● **分布：** 毛毛山山坡、灌丛零星分布。

长柱沙参 *Adenophora stenanthina*

桔梗科·沙参属

● **形态特征：** 茎常数枝丛生，通常被倒生糙毛。基生叶叶片心形，边缘具深刻而不规则的齿；茎生叶叶片从丝条状到宽椭圆形或卵形，边缘全缘或具疏离的刺状尖齿，通常两面均被糙毛。花序无分枝；花萼无毛，筒部倒卵状或倒卵状矩圆形，裂片钻状三角形至钻形；花冠细，近于筒状或筒状钟形，浅蓝色、蓝色、蓝紫色、紫色；雄蕊与花冠近等长；花盘细筒状，长 4～7 毫米，完全无毛或被柔毛；花柱长 20～22 毫米。花期 8～9 月。

● **生境：** 生于高山草地、山沟草地、灌丛下、林下、林缘等处。

● **分布：** 毛毛山山坡、高山草甸常见分布。

泡沙参 *Adenophora potaninii*

桔梗科 · 沙参属

● **形态特征：** 多年生草本。茎不分枝，常单枝发自 1 条茎基上。茎生叶叶片卵状椭圆形或长圆形，稀线状椭圆形或倒卵形，每边具 2 枚至数枚粗齿，两面均被疏或密的短毛，无柄，稀下部叶具短柄。花序基部常分枝，排成圆锥花序，有时仅数朵花集成假总状花序；花萼无毛，萼筒倒卵状或球状倒卵形，裂片窄三角状钻形，边缘具 1 对细长齿；花冠钟状，紫色、蓝色或蓝紫色，稀白色，裂片卵状三角形；花盘筒状，至少顶部被毛；花柱与花冠近等长或稍伸出。蒴果椭球形。

● **生境：** 生于海拔 3100 米以下的阳坡草地，少生于灌丛或林下。

● **分布：** 夏玛自然保护站常见分布。

牛蒡 *Arctium lappa*

菊科 · 牛蒡属

- **形态特征：** 二年生草本。茎枝疏被乳突状短毛及长蛛丝毛，具棕黄色小腺点。基生叶叶片宽卵形，基部心形，叶柄灰白色；茎生叶与基生叶近同形。头状花序排成伞房花序或圆锥状伞房花序；总苞卵形或卵球形，总苞片多层，绿色，无毛，近等长，先端具软骨质钩刺，外层的三角状或披针状钻形，中内层的披针状或线状钻形；小花紫红色，花冠外面无腺点。

- **生境：** 生于山坡、山谷、林缘、林中、灌丛中、河边潮湿地、村庄等处。

- **分布：** 夏玛自然保护站及路旁广泛分布。

大籽蒿 *Artemisia sieversiana*

菊科·蒿属

● **形态特征：** 一年生或二年生草本。茎单生，分枝多，具明显纵棱。下部与中部叶叶片宽卵形或宽卵圆形，二回至三回羽状全裂，稀深裂，每侧裂片 2～3 枚，小裂片线形或线状披针形；上部叶及苞叶叶片羽状全裂或不裂。头状花序大，在分枝上排成总状花序或复总状花序，并在茎上组成开展或稍窄的圆锥花序；总苞半球形或近球形，基部常具线形小苞叶；总苞片外面被灰白色微柔毛或近无毛；花序托凸起，半球形，具白色托毛；雌性小花 20～30 朵；两性小花 80～120 朵。

● **生境：** 多生于路旁、荒地、河滩、草原、干燥山坡或林缘等。

● **分布：** 毛毛山零星分布。

刺儿菜 *Cirsium arvense* var. *integrifolium*

菊科·蓟属

● **形态特征：** 多年生草本。茎直立，上部分枝。基生叶和中部茎叶叶片椭圆形、长椭圆形或椭圆状倒披针形，先端钝或圆形，基部楔形；上部茎生叶渐小，叶片椭圆形、披针形或线状披针形，或全部茎生叶不分裂且叶缘具细密针刺，或大部分茎生叶叶片羽状浅裂或半裂或边缘具粗大圆齿，裂片或齿斜三角形，先端钝，齿顶及裂片先端具较长的针刺。头状花序单生于茎端，或在茎枝顶端排成伞房花序；总苞卵形、长卵形或卵圆形；总苞片约6层，覆瓦状排列；小花紫红色或白色，花冠细管部细丝状。

● **生境：** 生于海拔170～2650米的山坡、河边、荒地、田间。

● **分布：** 夏玛自然保护站广泛分布。

葵花大蓟 *Cirsium souliei*

菊科·蓟属

- **形态特征：** 多年生铺散草本。茎基粗厚，无主茎，顶生多数或少数头状花序，外围多数叶密集排列成莲座状叶丛。全部叶基生；叶片长椭圆形、椭圆状披针形或倒披针形，羽状浅裂、半裂、深裂至几乎全裂，腹面绿色，背面淡绿色；侧裂片 7 ～ 11 对，边缘具针刺或大小不等的三角形刺齿且齿顶具针刺 1 枚。花序梗上的叶小，苞叶状，边缘针刺或浅刺齿裂；头状花序多数或少数集生于茎基顶端的莲座状叶丛中；总苞宽钟状；总苞片 3 ～ 5 层，全部苞片边缘具针刺；小花紫红色。

- **生境：** 生于海拔 1930 ～ 4800 米的山坡路旁、林缘、荒地、河滩地、田间、水旁潮湿地。

- **分布：** 毛毛山有分布。

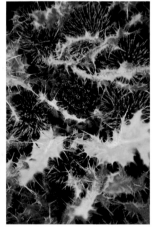

矮火绒草 *Leontopodium nanum*

菊科·火绒草属

● **形态特征：** 多年生草本。植株垫状，具顶生的莲座状叶丛，疏散丛生或散生。茎直立，草质，被白色絮状厚茸毛。基生叶在花期生存；茎生叶较基生叶稍长大，直立或稍开展，叶片匙形或线状匙形，先端有隐没于毛茸中的短尖头。苞叶少数，直立；头状花序常单生或3个密集；总苞被灰白色绵毛；总苞片4～5层；雄性小花花冠具小裂片；雌性小花花冠细丝状，花后增长。

● **生境：** 多生于低山和高山湿润草地、泥炭地或石砾坡地。

● **分布：** 夏玛自然保护站、毛毛山常见分布。

掌叶橐吾 *Ligularia przewalskii*

菊科·橐吾属

● **形态特征：** 多年生草本。茎直立，光滑，被长的干枯叶柄纤维包围。叶片卵形，掌状 4～7 裂，裂片 3～7 深裂，中裂片二回 3 裂，小裂片边缘具条裂齿，两面常光滑，具掌状叶脉；茎中上部叶少而小，叶片掌状分裂，常具膨大的鞘。总状花序长可达 48 厘米；头状花序多数，辐射状；总苞片 4～6 枚，排成 2 层，线状长圆形；舌状花 2～3 朵，舌片黄色，线状长圆形；管状花常 3 朵。

● **生境：** 生于山谷林地、草坡及溪岸。

● **分布：** 毛毛山常见分布。

黄帚橐吾 *Ligularia virgaurea*

菊科·橐吾属

● **形态特征：** 多年生灰绿色草本。基生叶和基部茎生叶均具柄，柄全部
或上半部具翅，翅边缘全缘或具齿；叶片卵形、椭圆形或长圆状披
针形，先端钝或急尖，边缘全缘至具齿，边缘有时略反卷，基部楔
形，有时近平截，突然狭缩，下延成翅柄，两面光滑；茎生叶小，
叶片卵形、卵状披针形至线形，先端急尖至渐尖，基部常筒状抱茎。
总状花序上的头状花序密集或上部密集、下部疏离；苞片线状披针
形至线形；头状花序辐射状，常多数，稀单生；小苞片丝状；总苞
片 10 ～ 14 枚，排成 2 层；舌状花 5 ～ 14 朵，舌片黄色，线形。

● **生境：** 生于海拔 2600 ～ 4700 米的河滩、沼泽草甸、阴坡湿地及灌
丛中。

● **分布：** 毛毛山有分布。

星状雪兔子 *Saussurea stella*

菊科 · 风毛菊属

● **形态特征：** 垫状草本。叶排成莲座状，辐射状分布；叶片线状披针形，中部以上长渐尖，向基部常卵状扩大，边缘全缘，两面同色，紫红色或近基部紫红色，或绿色。头状花序无小花梗，多数，在莲座状叶丛中密集成半球形的总花序；总苞片 5 层，覆瓦状排列，全部总苞片外面无毛，但中层与外层苞片边缘具睫毛；小花紫色。

● **生境：** 多生于高山草地、山坡灌丛草地、河边或沼泽草地、河滩地。

● **分布：** 毛毛山高山草甸广泛分布。

黄缨菊 *Xanthopappus subacaulis*

菊科·黄缨菊属

- **形态特征：** 多年生垫状草本。茎基极短，被纤维质撕裂的褐色叶柄残鞘。叶基生，排成莲座状；叶片革质，长椭圆形或线状长椭圆形，羽状深裂；侧裂片 8～11 对，中部侧裂片半长椭圆形或卵状三角形，在边缘及先端延伸成针刺。头状花序可达 20 个，密集成团球状，具 1～2 枚线形或线状披针形苞叶；总苞片 8～9 层，外层的披针形，先端具芒刺，中内层的披针形，最内层的线形，硬膜质；小花均两性，花冠管状，黄色，顶端 5 齿裂。
- **生境：** 生于海拔 2400～4000 米的草甸、草原及干燥山坡。
- **分布：** 毛毛山山坡有分布。

北柴胡 *Bupleurum chinense*

伞形科·柴胡属

● **形态特征：** 多年生草本。茎上部多回分枝长而开展，常成"之"字形曲折。基生叶叶片披针形，先端渐尖，基部缢缩成柄；茎中部叶叶片披针形，先端具短尖头，基部鞘状抱茎，背面常被白霜，具 7 ～ 9 条脉。复伞形花序多，疏散圆锥状；总苞片 2 ～ 3 枚或无，窄披针形；伞辐 3 ～ 8 条，纤细；小总苞片 5 枚，披针形；伞形花序具 5 ～ 10 朵花；花瓣小舌片长圆形，先端 2 浅裂；花柱基深黄色。果椭球形，褐色，棱翅窄且淡褐色，每棱槽具 3 ～ 4 条油管，合生面具 4 条油管。

● **生境：** 生于向阳山坡路边、岸边或草丛中。

● **分布：** 毛毛山有分布。

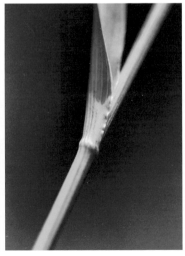